与焦虑共舞

陈鸿毅◎著

西南交通大学出版社
·成 都·

图书在版编目（CIP）数据

与焦虑共舞／陈鸿毅著．—成都：西南交通大学出版社，2015.5
ISBN 978-7-5643-3893-0

Ⅰ．①与… Ⅱ．①陈… Ⅲ．①焦虑－自我控制－通俗读物 Ⅳ．①B842.6-49

中国版本图书馆CIP数据核字（2015）第102925号

与焦虑共舞

陈鸿毅　著

责任编辑　郭发仔
封面设计　墨创文化

印张　12.5　**字数**　152千
成品尺寸　165 mm × 230 mm
版本　2015年5月第1版
印次　2015年5月第1次
印刷　四川煤田地质制图印刷厂

出版 发行　西南交通大学出版社
网址　http://www.xnjdcbs.com
地址　四川省成都市金牛区交大路146号
邮政编码　610031
发行部电话　028-87600564　028-87600533

书号：ISBN 978-7-5643-3893-0　**定价**：35.00元

目录

起：这是一个焦虑的时代

转：逃避焦虑的条条岔道

合：与焦虑共舞

起：这是一个焦虑的时代

追赶是都市人的基本动作，着急是都市人的基本表情。在现代都市，住着的是一群又一群被叫作“效率”“进度”之类的玩意儿给撵得日夜狂奔的“兔子”。“兔子们”竖着耳朵，红着眼睛。如果站在街道天桥上一眼望去，一定会见到十二根车道上所有的车辆像一头头躁动得谁都想往前拱，却谁也无法拱动半步的野猪。

一、当代中国人的四大焦虑

生存焦虑

20世纪六七十年代，人本主义心理学形成并产生了广泛的影响，其主要创始人之一、心理学家马斯洛提出了人的心理需求五个层次的理论。人的需求从低级到高级，呈金字塔状，分别是：生理需求，安全需求，社会归属感（爱与被爱）的需求。这三个层次是人的基本需求，因为它们都要靠外部条件来满足，因此也称为“缺失性需求”。另外两个需求是：自尊的需求，自我实现的需求（即成就感的满足）。这两个需求，都要靠个人的努力来获得满足，其称为“成长需求”。其中自我实现的需求，是指一个人有向善的愿望，希望自己的能力得到不断开发，从而取得个人的最高成就，并造福于社会。

马斯洛的需求层次理论，对于我们解释焦虑，作用虽然有限，但它为我们提供了一个重要的途径：从需求层次可以看出，生存焦虑永远是人首要的焦虑。需求层次论与马克思关于物质决定意识、经济基础决定上层建筑的观点看起来并不矛盾。马克思的贡献之一，就是指出了一个常识：人首先必须

吃喝住穿，然后才能从事科学、艺术、宗教等活动。需要指出的是，生理需求本身也是有层次之分、层面之别的，饱、暖、性欲等都是生理需求，其中也有个先后和轻重的问题，“饱暖思淫欲”这句中国老话就直截了当地指出了这一点。

只要人还具有动物性，饥寒交迫便是人们都感到恐惧和担忧的，它处在最低的层次，却是人类任何焦虑的起点。只是，当我们在舒缓的音乐声中轻轻呷着咖啡、品着茗茶的时候，我们常常忘了这一点。

饥饿的力量强大到足以使人完全彻底退回到单纯的“动物性”状态，任何羞耻感、恐惧心，任何道德律令，任何我们在人类社会中已经习得的教养，在饥饿面前都可能土崩瓦解。许多动物是宁可饿死也不会同类相残的，但自诩为“宇宙精华”的人类，当他的胃壁在相互厮磨的时候，往往会露出比其他动物更为狰狞恐怖的面目！这绝非骇人听闻，至今我们还能在尘封的卷册中听到那些给撕剥得赤条条之后用绳索捆绑起来搁在屠案上被屠宰者的惨叫。

人对饥饿的焦虑，早在洞穴里头就开始了。这种焦虑，生动活泼地写在洞穴里朝外张望的那双眼睛里，也写在农耕时代那双望着苍天的眼睛里。这种焦虑，很早就被升华为某些神圣的仪典。古时君主都必须祭祀的土神和谷神，谓之社稷。后来，人们又干脆用社稷代表国家，因为民以食为天。可见，国家首先是用来解决人们的胃壁不至于黏到一块儿去这一重大问题的。

对饥饿的担忧，是人类生存焦虑的第一层基座。可以这么说，在马斯洛的五个需求层次中，对生理需求、安全需求的焦虑，是人作为动物所无法逃避的焦虑。至于社会归属、自尊、成就等其他焦虑，基本上都是自找麻烦、没事找抽型的焦虑。比如，我们只有在解决饥渴之后，才会用食物鼓捣出“饮食文化”来；我们也只有在解决御寒问题或解决了遮羞问题之后，才会用各种布料折腾出“服饰文化”来。

安全焦虑

活在“不安全感”的年代

我们已经基本解决了温饱问题，但安全问题却时时困扰着我们的日常生活：担心小偷入室盗窃，担心食物不安全、担心陌生人是骗子……生活中充满了大量不安全感。有人说，我们已经进入了一个缺乏“安全感”的年代。这种不安全感还弥散到原本跟安全这个概念无关的领域，比如收入。收入事关生存和生活质量，而年老无法工作之后的生活保障才跟安全感有关。这种安全焦虑的弥散，表现在所谓的“安全感工资”这种虚假概念上。前几年，就有一份“全国各大城市安全感工资标准”在网上热传，并引起热议。它没有什么科学性可言，却反映了安全焦虑可以朝着任何方向弥散。

也正是在那个时候，我的一位有着高收入的律师朋友，跟我聊到收入问题。他说，如果能赚到三千万，他就有安全感了。我说，如果没有达到三千万，那是不是非得让自己战战兢兢地过日子？

那些“说不清”的不安全感

说到缺乏安全感，我们特别容易想起契诃夫在《装在套子里的人》那段经典描述：“他只要出门，哪怕天气很好，也要穿上套鞋，带着雨伞，而且一定穿上暖和的棉大衣……他总是把脸藏在竖起的衣领里……把自己包在壳里，给自己做一个所谓的套子。”

健康的人格发展有赖于安全感和归属感。安全感与恐惧感相对，它面向的是死亡、伤害、痛苦，等等。为了安全感，人类发明了秩序、规则、法律。而归属感则与孤独感相对，它面向的是依恋、隔离以及无助，等等。为了获得归属感，人类发明了婚姻、社会、国家。马斯洛在五个需求层次理论中，就把安全需求列为仅次于生存需求的第二个基本需求。

这里所讲的安全感，主要有两种：一种是意识不到的，它是原始状态的、内在的驱动力，是一种逼迫个体无意识对危险警觉的本能。意识不到的不安全感是躯体的紧张，如突发的、预感似的恐惧，莫明其妙的慌乱和焦虑，等等。这种不安全感可以发展为诸如强迫症、自卑以及抑郁性神经症。

另一种安全感是我们能够意识得到的，它与生活环境、与社会、与文化有关。前面谈到的今天城市化生活中的不安全感，或安全焦虑，就是我们能够意识得到的、说得清的不安全感。这类不安全感不是本能的、基本的需求，而是被我们的文化诠释过的负性情绪，是一种精神层面的紧张。这种安全焦虑，是由我们的生活方式、文化环境、价值观造成的。

安全感是心理健康的基础，缺乏安全感，人就没有自信；缺少自尊，也就无法与他人建立相互信任的人际关系。而一个人只有有了基本的人际信任，才可能积极地发掘自身的潜力，才能有人性和自身价值的充分实现。但是，不安全感同样也是人类普遍具有的基础心理特征，它在一般范围内并不是什么病态的表现。总不能叫一个人在不熟悉的环境中对任何人都抱以盲目的信任吧！

由于成长过程中的遭遇，或由于环境的险恶，一些人的安全感缺乏，久而久之发展成为一种人格特征。具有这种人格特征的人，对安全感就有代偿性的过分追求，并表现为多种多样的神经症行为。比如，一个医生由于见多了传染病，他会对传染病产生过分的恐惧。因此在日常生活中，他不但会强迫性地不停洗手，而且不敢用手指头碰一下水龙头的开关，而总是用手背去触动水龙头，然后再用酒精洗手背。许多顽固的强迫症，也正是安全感缺乏的行为表现。比如：

锁上门之后，一次又一次地回头检查是否已经锁好；

从银行里取出钱之后，忍不住一张一张地验钞，直到确实找不出假钞为止；

有的人认为只有坐背后靠墙的座位才觉得踏实，否则他会不断警戒地往后看；

洁癖也是一种安全感缺失的强迫症……

所有这些强迫的核心，正是恐惧和不安全感。不安全感是许多心因性精神障碍最根本的人格基础，没有安全感，就没有自我接纳，就没有人际信任，更不可能有良好的人际关系。

不安全感在人格发展中怎么强调都不算过分，因为不安全感是所有神经症的共同人格基础：

当出现不安全感却找不到恐惧对象的时候，表现为病态焦虑；

当在人际交往中表现出紧张恐惧和逃避的时候，轻则表现为社交焦虑，重则表现为社交恐惧症；

当对自身的健康状况极度没有把握的时候，就表现为疑病症；

在感到极端不安全并通过各种方法控制结果，失败后仍未放弃的时候，就表现为强迫症；

在控制不让客体丧失的意志努力失败后导致绝望的时候，就表现为抑郁性神经症。

缺乏安全感有时候反而会令人表现得很“强大”，甚至表现为主动攻击。这在心理学上叫作“反向作用”，也就是以相反的方式表现自己的内心状态。

追求成功的焦虑

竞争的嫉妒与敌意

竞争是相对的。无从比较，双方也就无所谓竞争。一旦跟人相比较，焦虑自然就产生了。一个人是赚到了一千万算成功，还是赚到了一个亿才叫成功？经济上的成功并没有一个标准可以衡量，成功更多的时候是在相比较中获得的一种心理满足，一种心理评价。

对自我尊严的追求是一种持久的焦虑，这种焦虑对大多数人而言，会转变成对财富的攫取。当温饱和小康成为过去历史阶段的概念之后，对财富的攫取就不只是为了重整旗鼓，或增加“幸福感”，它可能会成为个人权力、个人生存价值的象征，为个人的自我评价提供一种证明。

竞争不只是经济上，而且是全方位的。

当我们与身边一同成长起来的人进行横向比较的时候，我们会产生一种被叫作“嫉妒”的负面情绪，并恶化心情。这样的心情可能向两个方向发展：一是在道德上、能力上尽可能贬低那些获得成功的人；二是设法将那些获得成功的人拉回到原来的水平上，或比原来更糟糕的状况中。

20世纪80年代温元凯先生在一本畅销书《中国大趋势》中提到一个说法，叫“中国式嫉妒”。“中国式嫉妒”就是“你行我不行，我就得让你也不行”，而温先生认为“西方式嫉妒”是“你行我不行，我要变得比你更行”。按照这种划分，“中国式嫉妒”在道德上显然是负面的，而“西方式嫉妒”则是一种良性的、有益于社会进步的心理特征。所谓“中国式嫉妒”和“西方式嫉妒”的区别是否存在，可以存疑。但是不可否认，前者的表现将使自己和别人都处于危险当中，而后者则使自己处于紧张与劳累之中。

网络上流行一句话：“失败固然可怕，但朋友的成功更让人揪心。”为什么？因为朋友的成功，就是自己的失败！你去留心观察一下现在当家长的，看见同事或朋友夸自家的孩子学业成绩好，当然是一边嘴里跟着夸，可脸上的笑看起来大多就很假，有的甚至比哭还难看。朋友、同事的孩子成绩好、有出息，意味着自家的娃儿似乎已经“输在了起跑线上”，也意味着自己的失败。

我们中的很多人，怕的并不是自己的不幸，而是别人比自己更幸福。他今夜睡不着，不是因为他今天过得不够爽，而是他发现今天好几个人都比他过得更爽。

现代人比农耕时代的人显得特别容易焦虑，现代人除了贪婪，还在贪婪中培育出嫉妒。在这里，贪婪是嫉妒的培养基，而嫉妒则成为焦虑之火的柴薪。有贪婪之基肥厚，有嫉妒之薪不绝，于是“焦火烧不尽，春风吹又生”，硬将自己的心灵放在贪婪、嫉妒、焦躁之火中生煎活熬，人心的景象堪比地狱，人生能不苦么？

一个“报复性胜利”的故事

> 上了富豪榜不久就进了监狱的一位大富豪，年少时上不起学，跟着他哥哥到处捡垃圾贴补家用。捡垃圾的少年将任何人对他的态度都视为鄙视、嘲弄、同情，这个过程在他的心中埋下了一粒追求成功、出人头地的种子。流浪在北方城市的街头，他将身上原本可以买一顿快餐的最后一张十元人民币，交给一个摄影师，给自己拍了一张照。他发誓：哪怕饿着肚子，这辈子也要成功！
>
> 后来，他捞取了其来源至今还是个谜的第一桶金之后，建立了一个庞大的“商业帝国”。与他的事业同样著名的，是他“成功”之后的目空一切、盛气凌人。我的一位同事曾经到他的公司应聘，那天恰好这位富豪本人坐在一边旁观。我的这位同事观察到，当他面对博士、硕士的时候，这位年轻的富豪总是撇着嘴角，以一种极其冷漠、轻蔑的表情注视着这些高学历的应聘者，仿佛在说：博士、硕士算什么？还不是统统都要到我这小学没毕业的老板这里讨一口饭吃？

这种傲慢不是偶然的表现，而是一以贯之的。当他以“国王”般居高临下的神气召集全国的供货厂商开会的时候，这位富豪端坐台上，动不动就用手指头指着一个个来头、名头都响当当的厂商，以一种训斥奴才的口气说话。一位具有高学历背景的著名品牌老总无法忍受这种羞辱，干脆撇下“捡垃圾少年”的门店，花大血本在全国开设自己的专卖店。人们说，“捡垃圾少年”后来之所以进监狱，跟他不知天高地厚、近乎病态的傲慢不无关系。确实，单单从他出现在媒体的所有照片上看，他的表情，似乎对任何人都充满了蔑视与嘲弄。

一个有过屈辱经历，或将自己曾经处于社会最底层的经历视为莫大屈辱的人，会将整个社会都视作敌人，因此，他将全部的生命热情都倾注于战胜整个世界的过程中，这是一种妄想性的胜利欲、成功欲。对这种人来说，世界与人生只有两极：不是成功，就是失败；不是荣耀，就是屈辱。非此即彼，没有中间的路可走。他的成功不仅仅是个人的胜利，还是对世界的一种报复。他的失败，只是意味着他又被世界羞辱了一回；他的成功，只是意味着他对世界、对他人进行了羞辱，成功就是他终于如愿以偿、痛快淋漓地“抽了这世界一巴掌”!

这种报复性胜利的需求，是强大的、持久的无意识冲动，其动机的力量来源于早期的受苦和受辱的感受。这种经历与感受，使他将全部的生命倾注于战胜世界、战胜他人的妄想的成功欲上。而对失败的恐惧，更强化了他成功的欲望。

这样的人追求成功，用霍妮的话说，是追求一种报复性的胜利，是一种“病态雄心”。

具有这样一种病态雄心的人，他心中充满了强烈的焦虑，除了对自己失败的恐惧，还有对别人成功的焦虑与仇视，因为任何其他人的成功，都意味着对他的冒犯和羞辱。

只有焦虑，没有快乐的强迫性驱力

一个人自觉、努力地从事一项事业，必定有其内在的动力。一种是自发性的驱力，另一种是强迫性的驱力。

自发性的驱力是“我要做这件事”“做这件事使我感到愉快、充实，使我感到自己充满了力量，感受到生命的活力”“即使我不成功，我在努力的过程中也享受到了巨大的快乐”。比如，一个中学生，因为喜好，每天早晨都花四十分钟时间朗读《古文观止》，久而久之，朗读成诵，将全书都背了下来。在这个过程中，他不断地享受着因放声诵读美文而获得的不可言说的满足感，他除了享受与陶醉，不会感受到任何压力。

而强迫性的驱力却是“我必须做它，这样才能使我逃避某种危险”“如果我不成功，我一切都毁了”。例如，同样是一个中学生，一个正在读高二的优生，他要求自己的成绩都必须在全年级排第一名，至少不能落在前三名以下。他对父母亲发誓说，如果他的成绩落到了年级第三名以下，他宁可从五楼跳下去！

自发性的驱力，使人感觉到前方总是有更令人心旷神怡的美景在诱惑他，这种驱力使一个人在学习、工作过程中感受到了悦纳自己、享受过程的充实。而强迫性的驱力，却让人处于与他人相抗争、对世界有敌意的焦虑之中。

首先，追求报复性成功的人，对挫折会有神经质的强烈反应。

由于受到强迫性驱力而追求报复性成功的人，对于挫折，哪怕只是很小的一点挫折，往往都会有强烈的反应。这种过分强烈的反应常常显得很夸张，显得神经质，与事情的重要性完全不相称。这是因为，对报复性成功的追求，本身就含有不是我要羞辱他人、打败世界，就是我被世界击败、再次被人羞辱的持久和严重的敌意。这种对外界的敌意，早就内化为自己对自己的焦虑和恐惧。正是这种神经性焦虑，使他们对于可能导致失败的任何小事，都无法掩饰地表现出神经质的惊慌、错乱，甚至愤怒。

其次，这种人只要能“成功”，让他干什么都行。

追求报复性成功的人，对于自己所追求的东西到底是什么，其实并不特别在意。他们“成功”的标志，既可以是获得财富，也可以是获得权力；既可以是很高的知名度，也可以是显赫但并无实权的社会地位。如果是财富，那么既可以是投资所得，也可以是惨淡经营的积累。也就是说，过程是什么样的，所做的事是否有快乐可言，甚至他所做的事是否合法、是否道德，全都可以不考虑、不区别，这就是所谓的“无区别性”。

追求报复性成功的人所要的只是财富、权力、荣誉等。如果达不到这些结果或结果中的某一项，过程对他来说毫无意义。

最后，追求报复性成功是永无休止的。

强迫性的驱力，使追求报复性成功的人对“成功”的追求永远不会有满足的时候。当他在一件具体的事情上获得成功的时候，他可能会有短暂的喜悦，但是，病态的雄心并不会让他在某个“成功”时刻就此罢休。他很难停下来去回味一下自己的“成功”，他还没有从焦虑中平静片刻，就已经见到前方那更多的财富正朝着他放射着闪闪金光，更大的权力即将满足他对他人更为快意的报复。

追求报复性成功的人，注定是个将自己的一生都放在焦虑之锅里无休无止地煎熬的人。

“成功”是一种精神传染病

有一段时间，我暂住的小区边上有个中英文双语教学的幼儿园，墙上嵌着斗大的一句话：“今日×校学生，明日国际领袖。”

“今日×校学生，明日国际领袖”显然是这所幼儿园用来诱导学生家长择

校的商业广告词。如此商业味十足的一句广告词，却被悄然置换成了“校训”，这很可怕。要知道，孩子们可能记不住老师的每一句话，却终生记得最初的校训。不需多久之后的某一天，孩子们就会意识到：自己不可能成为这莫名其妙的什么“国际领袖”。这将使孩子们在其年龄和阅历还不足以承受的年龄段，过早地产生人生理想的幻灭感。

这让我想起另一句广告词：不要让孩子输在人生的起跑线上。

这句广告词就连其假设前提都不存在。人到这世上来走一遭，无论其“意义”何在，都绝不是为了跟人斗输赢。即使有输赢之别，人生道路很漫长，哪有一起跑就决定输赢的人生？

让孩子们成为“国际领袖”的承诺，让我觉得很恐怖—— 因为这一开始就是个挺邪门的骗局。只有让孩子们“发挥潜力，健康成长”的承诺，才令人放心，因为这才是真实的正道。

大多数人对成功的定义，就是成为有钱的人、有权的人、有名的人。众多人患上的“成功病”，就是这种扭曲的价值观引发的巨大癌变的表征。一些所谓的“成功学大师”，之所以能够靠那么低级的手段大行其道，并非他们的骗术有多高明，而是这个社会对“成功学”有着巨大的潜在需求。

“助你实现人生价值”“开发你的潜能”“要成功，先发疯”“三个月赚到一百万”“三十五岁以前退休”……所谓“成功学”在职场和网络泛滥成灾，各类培训你方唱罢我登场。“成功学”鼓吹成功有捷径，可以复制、可以速成，“成功”仿佛成了流水线上的工业产品。市面上也充斥着花色品种繁多的“成功学”书籍，许多编著者以“成功指导者”“人生导师”的口吻，连篇累牍地制作并兜售这类兴奋剂。这些作者中有的确实是某一冒险、某一职业选择的侥幸者，他们除了“成功”推销他的“成功学”，获得可观的版税、课酬之外，在他们自己所津津乐道的领域从未见过什么“成功”。

在成功学的视阈中，世界上只剩下两种人：成功者与失败者，非此即彼，无所谓男人与女人，无所谓老人与青年，更无所谓谦谦君子与莽莽鲁夫。对成功者捧得越高，对失败者的唾弃则越狠：你都三十多岁了，男的还没房没车、女的还没钓到一个金龟婿！在这样的语境下，如果你还没“成功”，即使不算失败者，你至少也犯了“不成功罪”！还没有“成功”的人，只会日益感到焦虑。于是，开发潜能、拓展人脉、身心平衡，执行力、细节、沟通、行销，感恩、励志、提升……人们用尽了所有的词汇来表达迫切成功的心情。

患有“成功病”的人大都有如下“临床症状”：

极度崇尚金钱，关注物质，为自己还不能立即拥有豪宅名车、奢侈品而焦虑；

对前途充满了忧虑，却怠于一点一滴学习和积累，因为他们的时间和心情全都用来忧虑和“励志”去了；

到处寻找“财富速成法”，而很难用一段较长的时间耐心踏实地做一件工作；

因为急于“成功”，他们频繁跳槽，越跳越不满，越不满越跳。

种种“症状”使他们不但没有收获成功，反而收获了焦虑和无能、平庸。他们的焦虑，是赌徒的焦虑；他们的成长观，是赌博的成长观。

个人病就是时代病，个人梦想汇流在一起就是时代狂热。当“全民成功”变成狂热风潮时，“成功学”就是一杯使焦虑更加焦虑的毒药，而信奉“成功学”的人就沦为可怜的牺牲品。

声望焦虑

自我认知产生的焦虑

焦虑最为深刻的内在根源是需求和自我认知。人的自我认知，包括自我概念、自尊和自我控制三个要素。自我概念就是对“我是谁”的回答，如“我是个男人”“我是个经理”。这种描述不带有主观情感色彩。表面上看起来，自我概念似乎并不包含价值判断。自尊也是一种自我描述，但带有明显的评价和情感色彩，比如“我是一个成功人士”“我是个出色的经理”。

一个人的自我认知，只有在某些参照系中才是可能的。也就是说，如果我们无法与他人进行比较，我们就无从了解自己是谁，无法定义自己。这注定了作为群居动物的人类个体焦虑的精神宿命。我们能够用来进行自我描述的每一句话，几乎无不包含着与他人的比较；我们每一次与他人的比较，几乎无不夹带着优越感、自豪、沮丧、嫉妒等情绪。

在人的自我认知方面，自尊的比较意味更为强烈。自尊显然基于一个人对自身价值的一种正面的、肯定性的评价，因此，自尊是一个人最具积极意义的基本品质之一。然而，这种肯定性的正面评价，更需要一个乃至一系列的参照物才能得以进行。没有这个系统、没有系统中的参照物，这种评价便成为无本之木、无源之水。

"官本位"观念与弱焦虑感

中国是一个有着几千年官本位观念历史的国家，个人的价值、地位与成就，一直只有单一的指标和一元的向度，那就是一个人官做到多大。"戊戌六君子"在菜市口给砍了头，当时人们对此感叹的，并非中国改革的失败，而是感叹他们"可怜一世功名"。

去年，我偶然进入了老家的地方镇政府办的网站，网站上有个"乡贤"的链接。我颇好奇，便点击了它，想看看家乡旧人中还有哪些我所不知道的"贤者"。结果发现上这个"乡贤榜"的是几个科级和一个退休的处级干部。"贤"的标准与社会声望、学术成就以及经济成就，全然无关。

策划这个"乡贤"板块的人，当然生活在21世纪，但他们看起来更像一件出土文物。唯官、怕官、崇拜官的种种情状，即使是在互联网这种传播平台上，也是那样露鼻子露脸遮掩不住，令人哭笑不得。

无独有偶，那一天我又在一个搜索引擎上键入了我过去工作过将近十年的中学，同样发现了一个大意是"本校骄傲"的帖子，作者还要求发现新的"本校骄傲"时请大家告知。与我刚刚瞻仰过的"乡贤"们一样，能被这位作者视为"骄傲"的，十有八九是科级以上的现任干部。

当然，上述这些只是延续了几千年的以官为本、以官为贵、以官为尊的"官本位"价值观的最后一些残迹。从中国历史上看，"出人头地"至少不是非常普遍的追求。人们更愿意相信"生死有命，富贵在天"这类古老的格言。

一方面，这种价值观使中国人更倾向于“知足常乐”，很少有什么身份焦虑、地位焦虑；另一方面，欲望普遍不那么强烈，竞争之心普遍萎缩，以致焦虑过于不足，也导致历史进化在速度和效率上的惰性。

身份、地位焦虑的出现

在一个人的自我概念中，包含着各种不同的身份、地位。比如，我在父母面前的身份是儿子，在学生面前的身份是老师，在服务生面前我是顾客，而对于读者而言则是作家，不同的情境下有不同的身份。同样，人也有政治的、经济的、社会声望等多方面的地位，一个社会成员在社会的分层体系中可以分别归属于这些不同的层次。一般来说，一个社会中的各阶层界线是比较清晰的，大多数人的社会地位也是基本一致的。

其实，人的地位不一致也不是现在才有的事。在重农轻商的中国古代，商人的经济地位和政治地位就极不般配；即使是 19 世纪的欧洲，资产阶级的经济地位也与政治地位相悖，马克思就曾指出过这一点。

地位严重的不一致导致社会成员产生个人焦虑、失望以及对社会的不满。一些社会学家就发现，地位严重不一致的人自杀比例比地位相对比较一致的人要高。而社会越是现代化，价值越是多元化，地位不一致的现象就越普遍。

地位不一致之所以导致社会焦虑，首先是因为人们对变化缺乏足够的心理准备，也就是不习惯，不习惯则必不安。其次是因为地位不一致的人总是倾向于向最高地位者看齐，并希望别人也这么看他。身份地位的焦虑引发攀比，而攀比又进一步加深、加重这种焦虑，以致整个社会攀比成风。最后是因为造成人们地位差别和地位交叉的不合理因素大量存在，从而为整个社会产生焦虑推波助澜。

作为社会急剧变迁的一种心理反应，地位不一致直接产生了社会焦虑这种负性情绪。这种心理不平衡显然会影响一个社会的凝聚力，甚至是许多冲突、群体性事件的或隐或显的心理根源。不少人动不动啥事都要闹，老百姓和一些干部居然共同习惯了“不闹不解决，小闹小解决，大闹大解决”。闹的结果，便是离法治越来越远的所谓“维稳”，形成一种恶性循环。

地位不一致并非完全没有积极价值。它的好处是打破了传统体制下形成的那种僵化的、官本位的、以行政等级为轴心的分层格局，从而给大家提供一个更平等的机会。应该看到，地位交叉会相对缩小人与人之间的社会差别。地位的非一贯性就有这种抵消不平等的效果，由此产生的对地位的不满和怨恨也会得到缓和。比如，一个小学没毕业的农民，请了满桌的县长、副县长们吃饭，这在过去是不可思议的；但如果这个农民是个“大土豪”的话，这样的饭局就成了真正意义上的“家常便饭”。这个农民所有关于社会地位比别人低的感觉，就全被他的财力抵消了。

人与人之间的地位、身份不具可比性的时候，是不会产生身份焦虑和地位焦虑的。同样，当一个人意识到不论自己经过多大的努力，也不可能达到某种地位、进入某个社会阶层的时候，他同样不会产生身份焦虑、地位焦虑。在过去几千年的封建社会中，中国人在身份、地位上很少有焦虑感，因为当时社会阶层的流动性不强，这种身份、地位只有极少数人经过科举的途径获得，或者通过世袭得来。绝大多数人完全没有改变个人身份、地位的途径，也没有这种奢望。

既然不可能，也就无所谓焦虑。

二、弱焦虑感的农耕中国

在无焦虑之乡

一个原始、残酷，却一切都非常单纯的地方，我们把它叫作无焦虑之乡。

不过，那是在未开化的野蛮时代。

设想在野蛮时代的某一天，一只狮子正懒洋洋地卧着，享受着大把大把免费的阳光。那一群刚刚被它激烈追赶过的羊，居然就在这只猛兽的周围吃草、撒欢，咩咩地叫着，或肆无忌惮地交配着。狮子对它们懒得理睬，最多只是偶尔不耐烦地晃晃脑袋，摇摇尾巴，对绕着它飞来飞去的各种虫子表示抗议。

这只狮子之所以如此慵懒，是因为它刚刚饱餐了一顿。这是一只从不考虑“明天的早餐在哪里”的狮子。只有当它胃里的食物即将消化殆尽的时候，它才开始琢磨：到哪里才能找到羊？哪一只羊吃起来会更肥美一些？

人类之外的动物，过去和现在没有焦虑，今后也不会有，除非有一天动物们也像人类一样有了理性、有了文化—— 倘若如此，那它们就不属于动物了。

这是一个原始时代，这里是无焦虑之乡。从不担心明天的早餐在哪里的野蛮人，不论是在洞穴里还是在树巢上，都睡得很香甜。

神只有灵的问题，动物只有肉的问题。

进入文明社会之后的人类，却有一个为人类所独有的问题：灵与肉的双重问题。

“神仙”可能也有心慌的时候，但想必没有所谓持久的心理压力。如果连“神仙”都有焦虑，那“神仙”就失去令人向往的魅力了。我们不是常常把无焦虑的生活，形容为“神仙过的日子”么？

动物在无焦虑这一点上，跟“神仙”应该是一样的幸福。比如，树上的某一只鸟，当它毫无预警且很潇洒地把一坨屎拉在你的头上的时候，它绝不会担心你的感受；猫呀狗呀要交配，冲上去直奔主题，决不会有什么主题之外的顾虑。但人不一样，一旦遇到心仪的人，不能只讲“两点间最短的距离是直线”，大多时候都不得不迂回着达到目标。在这迂回的过程中，你就会感到越来越大的心理压力。

《诗经》开卷第一篇就写了“求之不得，寤寐思服，优哉游哉，辗转反侧”的心理压力情状。这种心理压力，就是焦虑。

人有喜、怒、哀、乐、爱、恶、惧这“七情”，这是中国古人对人的基本情绪的准确认知，西方心理学家把情绪分为快乐、愤怒、悲哀、恐惧四种基本形式。情绪心理学家依扎德则提出了人类的十大基本情绪：兴趣、快乐、惊奇、痛苦、恐惧、愤怒、羞怯、轻蔑、厌恶和内疚。基本情绪就是人甚至

动物天生就有的情绪。而无论将人的基本情绪分为几种，我们都不难注意到一个事实：焦虑从来就不是人的基本情绪。

正因为焦虑不是人的基本情绪，所以我们即使是在山顶凿穴而居、在树杈间筑巢而栖，在随时可能受到野兽侵袭，时刻面临饥饿、寒冷威胁的漫长岁月中，我们也能过着简直可以称得上无忧无虑的生活。那个无焦虑之乡，如同传说中的桃花源或伊甸园。

人类是动物界的一个优质资产，但是，自从这份优质资产从动物界中剥离出来后，因为焦虑，人类常常跟自己过不去，以致我们自身的情形每况愈下，甚至不如其他动物。

食物对我们来说从来就不富足，但对于明天的食物何处可寻之类的事，我们却也从不担心，因为那是明天的事。

几顿饱餐之后，对于接下来的日子里是否还能找得到如此香美的猎物，我们同样也丝毫不曾有过担心，因为那是明天的事。

“人猿相揖别”之后，无论我们是打赢了还是输掉了一场既残酷又司空见惯的人兽之战，我们几乎立马会将这事丢到脑后，而不会有太多的“心有余悸”。因为，这可能是明天或明天以后的事。

在无焦虑之乡，无需哲人，人类就已经达到了古希腊哲学家德谟克利特面对死亡问题时的高度：当你活着的时候，你还没死，你不必担心死亡；当你死去的时候，你已经不能担心死亡了。

在那最缺乏安全的时代，我们偏偏比今天的任何时候都拥有更多的安全感。这并不是因为我们在理智上不知道自己的处境并不安全，而是因为焦虑不是人的基本情绪，我们不知焦虑为何物。

我们曾经在无焦虑之乡，艰难地、无忧无虑地度过了很漫长、很漫长的时期。当焦虑来到我们的心中，并永久地扎下深根的时候，我们从无焦虑之乡迁徙而出，不能、也不再愿意回到那里去。

焦虑的诞生

在原始社会，采集和狩猎是人类获得食物的两种基本方式。采集受到太多的条件限制，狩猎更得等待机会。这两种方式显然并不能保证在我们需要的时候随时能够填饱肚子，我们随时都会受到生存上的威胁。

人类成功地学会了种植粮食，学会了驯养动物。既种植粮食又饲养家畜的那一批人，过上了“日出而作，日落而息”的居家日子，安定而满足。他们就是后来的农民。而驯服了骏马驱使着牛羊的那一批人，过上了“逐水草而居”的生活，漂泊但有踪可循。他们就是后来的游牧部落。不论是后来成为农耕部落的人，还是游牧民族，他们完全没有料到的是：种植粮食和驯养动物这两件事，对于他们所生活着的星球，竟是一件惊天地、泣鬼神的大事：人类的农耕文明和游牧文明诞生了。

种植与驯养的能力，使我们发现自己其实是可以拥有其他一些东西的。我们将自己所拥有的，命名为“财富”。糟糕的是，我们发现自己能够拥有的

时候，也发现所拥有的一切随时都可能会失去。财富越多，我们就感到越安全，也更有优越感。

我们发现，得到的东西总担心会失去，这种担心是一件非常难受的心理体验，我们动不动就得宽慰自己不必过于担心。

获得更多东西的欲求，在我们的心中潜滋暗长。我们当然也意识到，这种欲求既会让我们因想入非非而激动，也会让我们欲罢不能而痛苦。因此，我们动不动就得抑制一下自己心中那些春花夏草般长势未免过于良好的贪婪。

我们的心理不断地摇摆在对失去的担心与获得更多的贪婪之间，就像一粒滚珠，没完没了地摇摆在以 O 为中点的数轴上。只有回到那个中点，我们才获得一种难得的平衡。

在我们的祖先谋求生存的艰苦卓绝的斗争中，正是对于不确定性的恐惧，这个原始蛮荒的星球才终于出现了第一缕文明的曙光。

正是在这缕文明曙光之中，一个叫作焦虑的幽灵，在人的心中诞生，开始在人间徘徊，并随着文明的不断进步而不断茁壮成长。它终于成长为一棵几乎根植于每个人心中的参天大树，并开出人心的恶之花，结出人心的苦之果。

没有贪婪，就不会有焦虑；而没有最初对于生存的严重焦虑，似乎就不会有贪婪。究竟是因为焦虑才有了贪婪之心，还是因为人原本就有贪婪的本性才会产生焦虑？贪婪与焦虑看起来更像一对双胞胎，是一对怪异的连体婴儿。

在人类历史演变漫长的过程中，正因为焦虑的驱使，人类才走出森林，不断向大自然挑战。随着铁器的出现和应用，人类改变了自己的命运，不断创造着、发展着自己的文化：

发明了语言、数字、标志，以及音乐、绘画等文化符号。

在自己的心中建立起对这个世界上一切人、事、物的意义进行评价的价值体系。

我们还在自己生活于其中的社会逐渐建立起从简单到复杂的人人遵从的习俗。

那么，究竟是焦虑创造了人的文化，还是人类创造的文化催生了人心的焦虑？这是一个类似于“先有鸡还是先有蛋”一样“永远迷人、从无答案”的问题。不论焦虑之花是美的还是丑的，是善的还是恶的，都不重要，我们只需知道：焦虑之花盛开于人心之时，正是人类文化的曙光闪耀于大地之日。

那个没有焦虑的野蛮时代已经一去不复返了。然而，那个焦虑只如“风乍起，吹皱一池春水”般微动的农耕时代，却是我们时不时可以回去看看的“曾经”。从某种意义上说，所谓的“人心不古”，除了指今天的人不如古人厚道，我想，它还指今天的人远比古人焦虑。

农耕中国：弱焦虑感的文化

农耕文化是一种弱焦虑感的文化。谢灵运、陶渊明、王维、孟浩然、杨万里的山水田园诗、农事诗中所描绘的那种处处从容悠然、人人知足常乐的景象，虽然不免有诗人将自己的闲情逸致假托于农家人的一厢情愿，但如果不是战乱和天灾的话，中国古代山水田园诗人笔下的种种景象，在许多方面确实是农耕时代生活的真实写照。

这主要有如下三个原因：一是农业特有的生产方式；二是儒家的人伦关系；三是中国古代的“天人合一”观念。

由于三者之间彼此具有深刻的内在联系，因此，我们很难说清哪一个原因更为重要。

农业生产方式

农业生产方式使得古代中国人犯不着那么一惊一乍，不会那么容易产生强烈的焦虑感。

古代农民主要靠天吃饭，即使是在农业技术高度发达的现代，天要是跟你过不去，你的设备哪怕再现代化，也对付不过去。所以农人忧天的时候就比忧己、忧人的时候多。因此，古人总是祈求“风调雨顺”，没有风调雨顺，就没有“人寿年丰”。年景收成大多时候取决于天意，天与人的力量是完全不对称的，因此，要么举行祈雨之类的仪式，要么对老天骂骂咧咧几句。既然责任在天不在我，也不能责怪别人，就更容易听天由命，就不会有长期的、隐性的紧张感。

这样的有限与有序，也造成了中国农民所求不多。传统的中国人，最典型的见面打招呼用语不是问候“你好”，而是“吃过饭了吗？”有些人对这一礼貌用语很不以为然，以为这表现出中国人贪吃，或以为这体现了中国文化是“吃的文化”。这实在是对中国人很浅薄却自以为是的理解。其实，“吃过饭了吗？”除了说明几千年来解决温饱问题一直是人们的不懈追求，还体现了中国人不贪婪的民族性格——只要你吃过饭、有饭吃，我们就放心了，这是多么低标准的生活要求啊！

农耕生活还是一种特别有节奏或者说特别慢节奏的生活，那是真正的“慢生活”，因为快了没用啊！二十四个节气，那么有序地摆在春夏秋冬里，就那么不疾不徐地朝前走。农事中的翻耕、播种、薅草、收割、藏储，全讲节令，节令会跟你着急么？有些重要的农作物的播种，迟一天不行，早一天播下去同样歉收，你硬要搞什么“一万年太久，只争朝夕”，那就是瞎搞。所以，中国古人长久的隐性焦虑不多，有焦虑也是一种弱焦虑。

追赶是都市人的基本动作，着急是都市人的基本表情。在现代都市，住着的是一群又一群被叫作“效率”“进度”之类的玩意儿给撵得日夜狂奔的“兔子”。“兔子们”竖着耳朵，红着眼睛。如果站在街道天桥上一眼望去，一定会见到十二根车道上所有的车辆像一头头躁动得谁都想往前拱，却谁都无法拱动半步的野猪。

城里人表面上似乎比农人悠闲，他们一到周末就到郊县农庄去度周末。不过，他们往往从惴惴然着急开始，以惶惶然着急结束——不急着早点出城，出城的高速没准又堵了；遇上大雾或由于别的什么原因，高速还可能关闭。体验乡间农人生活舒悠与娴静的城里人，也先要饱尝焦虑与烦躁之苦。

儒家文化的人伦关系

儒家文化的人伦关系为中国古人提供了一个庞大、持久的社会支持系统，这个社会支持系统压抑了人的许多自由和天性，但也给人提供了一切都是可以预期、可以依赖的安全感。

古代中国的“三纲五常”，指的是以家庭及家族为核心的伦理关系。如果说“夫为子纲”“夫为妻纲”是“君为臣纲”的“家庭版”，那么，后者则可以看作前者的“国家版”，其实质、功能是完全相同的。而在董仲舒看来，以仁、义、礼、智、信为内容的“五常”，则是每个人为维持社会的稳定和人际关系的和谐所应有的态度。

“三纲五常”固然有压抑人的个性、使整个社会变得缺乏活力等负面的作用，但是，在古代中国，正因为有了“三纲五常”，中国人的家庭才有在其他任何社会中都不具有的结构和功能：不仅是一个独立的生活单位，还是一个独立的生产单位、生育单位和消费单位。我们常说“家庭是社会的细胞”，而中国传统家庭这个“细胞”功能则特别全，它不仅是构成社会的“细胞”，还是社会的缩影。

费孝通先生认为中国人的人际关系呈一种“差序格局”，即人与人的关系由于亲疏远近的不同，形成一层层由内而外的关系网，不同层次的关系适用的是不同的互动规范。中国人传统的人际关系最根本的特点，就是每个人都将自己作为人际关系网络的中心，按照亲疏远近，分为几个同心圆，从这个圆心向外扩散。其中，最紧密的关系是家庭和家族，其次是同宗、亲戚，这叫“自己人”；其他的熟人和陌生人，就叫“外人”。于是，形成了一种在感情认同上“内外有别”的“差序格局”。

费老先生的层次划分和对这种网络的描述，也完全符合传统村落社会的实际情况。在中国现代乡村，至今还有将同一宗族的人称作“自己人”的习惯，亲戚关系被放在“自己人”之后的一个层次上，叫“里亲外戚”，这一“里”一“外”，情感认同之差别判然在目。这样一张以人伦关系为次序的“关系网”，构成了一个庞大的社会支持系统，给人以极大的安全感。

我所亲历的中国乡村家庭举办婚丧喜庆的事，就曾使我对中国传统社会由家族人伦关系所构成的这个“社会支持系统”有了一次具体而真实的体验。有一年初夏，我守在老父亲的身边，直到老人家去世。一时，我完全不知如何是好，悲痛之外，更感到孤零零的、从未有过的无助，竟没想到找谁帮点什么忙。一时，我陷入了极度焦虑之中。

其实，我完全不必请求任何人帮助—— 本村邻近的“自家人”（同宗）闻讯，全都不请自来。我长年在北京工作，对老家都有点陌生了，这些不请自来的人，绝大多数我叫不出名字，更说不出准确的称谓。但是，他们甚至并不跟我打招呼，就里里外外忙碌了起来，倒像这个家是他们的一样。他们当中有当“先生”的总管，有分管各类事的大小头目，有跑腿的，他们分头做各自该做的事，几乎完全把我撇在了一边！我第一次感受到了中国乡村残留的宗法制度，竟仍然具有如此强大的凝聚力和组织力。

这也是中国至今仍然是个人情社会的深层原因。

人际关系是既定的，你在这一生中的绝大多数重大事件，你不能完全由自己决定；同样，当你遇到天大的难事，那个常常使你无法对个人重大决策进行自主选择的、终生都在压抑着你的个性甚至泯灭着你个人野心的系统，又会变成你的支持系统、求助系统，它同样会立即自动运作。

焦虑是因为内心冲突，内心冲突是因为你可以选择却难以作出满意的选择。既然你别无选择，连配偶的选择都是这个庞大系统的事，你焦虑不起来。同样，焦虑是因为你担心不利的事对你构成可能的威胁，而对于对你可能构成威胁的东西，这个庞大的系统同样会发挥作用，使你一直很有安全感，你因此也犯不着太焦虑。

关于婚姻问题，中国古人就更少焦虑了。有选择才有犹豫，谁做你的妻

子或丈夫，一切遵“父母之命，媒妁之言”，完全没你自己什么事，你还会为婚恋的事焦虑么？

文学作品固然是审美的，但它同样也具有人类心理史的史料价值。比较一下中西方文学作品中关于爱情描写的不同侧重点，我们可以看到一个颇具意味的现象：中国古代的爱情诗虽美，后来多是表达思念之情，而少见焦虑之心。而古代诗人骚客笔下缠绵悱恻、吟之令人唏嘘的诗作，其实多是写给妓女的，少有写给妻妾的。因为妓女可以当红粉知己，但不会让人如焚地焦灼。中国古代关于爱情的诗文，可能美到极致，也可能伤感到深处，但多不像西方的爱情文学作品那样悬念迭起，让人读得替主人公焦虑难忍、欲罢不能。

“天人合一”

儒、道合流的“天人合一”宇宙观，使古代的中国人即使不需要宗教，也能够具有丰富多彩的精神生活，并从中感受到身与心的安全。

“天人合一”是汉朝大儒董仲舒提出来的，但它的源头却是老子的“人法地，地法天，天法道，道法自然”。古人所说的“天”，一是指“自然天”，即与地相对的天。另一个意思是指抽象的“意志天”，指冥冥之中某种超越人和自然的、具有人格与意志的“存在”。而大多情况下，我们说“天”的时候，是将“自然天”和“意志天”搅在一起，具象的天与抽象的天是没有分开的。

所以，“天人合一”就有两层意思：一是指宇宙自然是大天地，人则是一个小天地，大天地与小天地是一致的。二是天人相应，或天人相通，是说人和自然在本质上是相通的，故一切人事均应顺乎自然规律，达到人与自然的和谐。具体而言，“天人合一”的信念让人相信：天是可以与人发生感应关系的，比如天能够赋予人仁义礼智信之类的本性；天既然能够赋予人的本性，当然更可以赋予人以吉凶祸福，能够主宰人事，甚至主宰一个王朝的命运。因此，人们应该敬畏天、听命于天。

“天人合一”的宇宙观，导致普通人产生了这样一种心理：凡事“听天由命”。这种精神状态是很被动的，又是很“舒服”的。得与失是天意，生与死也是天意。既然一切都是天意，还杞人忧天么？

奥地利哲人维特根斯坦说：“凡可说的，都是可以说清楚的；凡不可说的，应当沉默。”将这话改一改，便是“听天由命”极其生动、直观而又无比深邃的哲学含义：

凡是人能做的，人就该去做；凡是人做不到的，就由天决定。

“天人合一”的宇宙观，使人与自然不再是敌对关系，所以，中国古人从不像西方人那样将人与自然分割开来，将自然当作人要战胜、征服的对象，而是强调人与自然（天）、人与人的和谐相处。而“听天由命”这个看似极其消极的态度，所体现的正是人对自身无力掌控、无力改变的事物的顺应；“听天由命”正是人自身与生俱来的局限性的表现，既是对人自身“有限”的直截了当的坦然承认，也是对“天”（神）的无限性的认同与敬拜。人只为自己可能改变得了的事焦虑，只为自己为之承担责任的事焦虑，不可能也不必为自己完全无能为力的事而焦虑。

古人要么不焦虑，一旦焦虑起来，就不那么“小我”，动不动就是“人生不满百，常怀千岁忧”，就是形而上的、宏大的焦虑。比如，“杞人忧天”这个成语中的那个杞国人，就算得上中国历史上这样一个“仰望星空”式的焦虑者。

杞是公元前 11 世纪周分封的诸侯国，公元前 445 年为楚所灭。要不是这位忧天者，我们今天很少有人知道早就从地图上抹掉了的这么一个小方国。《列子・天瑞》用很简短的话记载了这个人：“杞国有人忧天地崩坠，身亡所

寄，废寝食者。”

这位自寻烦恼的焦虑症患者，是几千年来人们嘲笑的对象。但现在看来，忧天的“杞人”，实在是一位思想超前了两千多年的伟大智者。雾霾，酸雨，全球气候变暖，大气层遭到破坏……所有这一切，在今天都已经成为在家不敢开窗、出门不得不捂着大口罩的现实。古人之所以嘲笑他，只是因为他忧得太早了点。

看戏掉眼泪，是替古人担心；杞人忧天，则是替今人焦虑。

正因为农耕生活无法使人太贪婪，所以，我们对生活仍然总是知足常乐；正因为听天由命，所以我们对灾难还是逆来顺受的；正因为社会是一种尊卑有序的金字塔结构，所以我们总是对社会现象满腹牢骚，而不是转化成一种杞人忧天般的焦虑。正因为我们活得过于心满意足，所以缺乏焦虑。

缺乏焦虑，并不一定是一件好事。

三、焦虑为何弥漫？

处境与前景的不确定性

过于频繁地身陷陌生处境

人口流动是一个社会发展的标志之一。流动就是从一个自己渐渐熟悉的地方，突然来到一个自己完全陌生的地方。这种流动不仅仅是指游客般来去匆匆地经过，还要在这个陌生的地方生活和工作。仅仅经过，是不会产生什么内心冲突的。而在一个陌生的地方打拼，意味着会经历一次又一次的焦虑。

由于流出地与流入地在经济结构、户籍制度以及文化习俗、生活方式和行为习惯上的差异，今天的中国有两亿多人口生活在“在路上”状态，他们不断地迁徙，不断地忍受所有因迁徙而产生的冲突与折磨。

过于频繁地身陷异乡的种种陌生处境，成年人的焦虑与幼童的分离性焦虑是类似的：有安全感的熟人熟地突然消失，迎面而来的是一张张陌生的面孔、一处处令人失去方向感的地方。而所有这些，都意味着冷不防地被抛白眼，意味着束手无策时上天无路、入地无门。

在人类进化的过程中，陌生环境总是与危险联系在一起的，因而人类对于陌生环境的恐惧是一种具有生物基础的自发反应。所以，婴儿在与熟悉的陪伴者分离时，就会本能地对陌生的面孔（在远古时期，很可能是猛兽）、陌生的环境感到恐惧。5 个月大的婴儿会隔着一定的距离冲着一个陌生人咧嘴笑，但当这个陌生人离他太近或者近距离看着他时，他就会哇哇地哭起来。许多成年人也是如此：隔着漫长的距离，他会向往某个陌生而神秘的地方；当他置身于此地的时候，他却会感到无名的恐慌。对陌生环境的恐惧与焦虑，是人类的一种集体无意识，即使在交通、通信已经高度发达的今天，这种恐惧与焦虑仍然是我们心理上的“宿命”。只不过有些人表现得比较隐性罢了。

学理上所说的社交恐惧症，其实指的就是对陌生人、陌生处境的焦虑。当一个人处于新的、陌生的或有社会性威胁的环境时，他就会产生过分的警惕，对社交活动总是提心吊胆。甚至出现在公共场所，对他们来说也是一件极为恐怖的事。这类人他们无法建立、拓展正常的人际关系。这种神经症焦虑正源自儿童早期：对陌生人的敏感和害怕。

根据意大利作家亚历山德罗·巴里科改编的电影《海上钢琴师》，就有一段对陌生事物焦虑的经典情节：

主人公 1900 是一个出生在轮船上、从未离开过这艘轮船的钢琴天才。他没有身份证，没有出生证明，连名字都只是四个阿拉伯数字。终于有一天，他因为爱情而做好了上岸的一切准备。可是，当他走到甲板上的时候，遥望着看起来比大海更加茫茫的陆地，他愣住了，陆地的陌生、广大与不可知，使他感到恐惧和焦虑。他停下了脚步将帽子抛入水中，一个转身，又回到了轮船上。他认为，一旦到了陆地上，他就掌握不了自己的命运，他的能力仅限于用 88 个琴键所创造出来的世界，所以他选择了转身。

> 我看不见城市的尽头，我需要看见世界的尽头。拿钢琴来说，键盘有始也有终，并不是无限的，音乐是无限的。在琴键上，奏出无限的音乐，我喜欢。可是走过跳板之后，前面的键盘，有无数的琴键。无限大的键盘怎奏得出音乐？……我生于船，长于船。这艘船每次只载客二千，既载人也载梦想，但范围离不开船头与船尾之间，我过惯了那样的日子—— 陆地？对我来说，陆地是艘太大的船。

1900 的这段话，可以说是陌生环境焦虑的经典台词。

前景的不确定性

一百年前，弗洛伊德将欧洲人种种心理失调症状的原因，归结为人的本能与禁忌激烈而隐秘的冲突；到了 20 世纪 20 年代，兰克等精神分析心理学家将人的心理问题的潜在根源归结为自卑感、罪恶感以及不确切感等；而在 20 世纪 30 年代的美国，霍妮则认为人们心理问题的根本原因，是个人与群体之间的敌意，这种敌意与高度的竞争有关；罗洛·梅则指出，20 世纪中期西方人的主要问题是空虚。

那么，生活在今天的中国人的种种焦虑，背后的根本原因又是什么？

答案在于个人和社会前景的不确定性，正是这种不确定性，导致人们产生无所适从的茫然、无法预测的严重焦虑。在一个社会变革激剧的历史时期，在一个具有更多不确定因素、更多未来风险的商业社会中，焦虑感自然会很强烈。

目前大量移民现象，正是人们对不确定性的前景充满焦虑的体现—— 难道我们这个经济总量在可预见的短期之内就注定要超越美国的发展中国家，

魅力不如其他国家吗？20世纪六七十年代有“逃港潮”，那是因为太穷了，以后大家都富了就没人跑了。经过30多年的快速增长，穷人不跑了，但不少先富起来的人却“跑”了。

不确定性的恐惧，就像卡夫卡《变形记》中的推销员萨姆沙：一夜醒来时，发现自己成为一只大甲壳虫。这是20世纪文学中表达人类因前景不可预测、情境难以想象而产生焦虑的经典——突然失去自己，一无所有，面目全非，所有的变化都完全在自己的想象之外发生了。

今天的中国人需要面对太多的不确定性：市场的不确定性，职业前景的不确定性，老有所养的不确定性……可以用社会学的“界限性处境”(boundary situation)这个概念来描述当下这些人的境况：处于不确定的生存状态中，不知何为是、何为非；一切都无法预测，同一行为既可能受到表扬，也可能受到责罚；一切都拿捏不准，一切似乎都是不可控的、游移不定的，一切都可能在突然之间毫无理由地失去。

比如，房奴们无不害怕某一天突然失业，他们不敢花钱，却经常回父母家蹭饭，休闲生活只能减少。

此即所谓“房奴焦虑综合征”。一项调查显示，近三成的年轻房奴，为还贷而沦为基本生活支出由父母提供的“啃老族”。

不仅个人和社会前景充满了不确定性，一些日常事务也存在诸多不确定性。例如，遇人有难，出手相助，这是一种公序良俗。在民法上，公序良俗是一项基本原则；而在道德与良知上，用孟子的说法叫“恻隐之心，人皆有之”。这种事原本并不包含任何焦虑，但是，此类很难产生什么焦虑与顾忌的情理之中的事，却因某个个案的判决结果，而使整个社会对“做好事”心惊胆战。此后，所有慈祥的爷爷、亲和的大妈，只要一倒地，就仿佛变得面目可憎起来。由此，老人们跌不起，路人也扶不起，无论是哪一方，都承受着不确定性的焦虑。在这种不确定性的焦虑中，一些人只有觉得自己安全了，才站在一边，充当起看客和哄客，才无关痛痒地乐道所谓的道德。

深圳两名少年仅仅因为伸手扶起一位跌倒的老太太而感动了千千万万的人。在两位少年所在的学校，甚至召开“助人为乐阳光好少年”表彰大会，分别给两人各 1 万元的慰问金奖励。一次平凡的搀扶，竟感动了一座城市，这让人唏嘘。唏嘘的背后，却是很多人对平凡的行善举动可能招致梦魇的严重焦虑。

与空虚一样，因前景的不确定性而导致的焦虑，已经成为一些人基本的心理失调症状，这不仅仅是个人的。

自由与责任担当

无自由，不焦虑

我曾经与一位在监狱里服刑多年的人有过一次深谈。他说，在等待判决的那些日子里，他好几个晚上都无法睡着，他不知道等待着他的是什么结果。律师告诉他说，争取得到轻判，两三年就够了，但要是重判，六七年也是可能的。明明知道总得蹲监狱好几年，但他仍然为两种不同的判决结果而焦灼

难眠，因为可能性就是一种不确定性。

等到法官宣判之后，他反而松了一口气。那些天，他反而睡得着，连监狱里的饭菜也吃得香了。在监狱里的那些年，除了累和劳累之外的无聊，他不担心什么。他说，那些年，他既无所谓绝望，也无所谓希望。不绝望，是因为他知道自己总要出狱；不抱希望，是因为他知道减不了刑。相反，有一个一直想办法减刑的狱友，反而动不动就如惊弓之鸟，常常一会儿两眼放光，一会儿沮丧透顶，总之是神经兮兮的，苦得很。

确实，失去自由的人是不会焦虑的。黑格尔曾经指出，有了自由，人们就要对自己的决定负责；如果没有自由，一个人的所作所为都是被迫的，完全出于无奈，那就不需要对行为的后果负责。没有自由，意味着一个人对任何事情都无权选择、无权决定，任何事情都只有一个选项，那就是服从。而单纯的服从，是一种机械式的对命令的响应，它不需要思考，也不会发生任何因为思考、多项选择而产生的犹豫、为难和焦虑。

中国几千年古代社会的弱焦虑感，与自由的缺失有关。顺应社会规则的不外乎走科举道路，这在文化上是“价值一元化”选择，在体制上也是封建王朝为庶民提供的“向上爬”的唯一路径。儒生们为金榜题名心动，也为金榜题名焦虑；为衣锦还乡遐想，也为光宗耀祖焦虑；为居高庙堂之高心动，也为一朝不慎株连九族焦虑。过了考试关进入翰林，什么时候做官，做什么官，都是皇上的浩荡隆恩，别无选择，更没有“自由”可言。古代隐居的精英们看起来是颇为“焦虑”的，但这毕竟是一种没有自由意志、没有责任担当的虚假焦虑。古代所谓的“隐者”，看似悠游，但隐居并不能带来真正的自由，虚假的自由不可能出现真正的个人选择、个人责任。

计划经济时代也同样是充满弱焦虑感的时代。人们几乎没有机会从较低的社会阶层上升到更高一个阶层，也几乎不可能从一个地方搬迁到另一个地方，更不用说从农村迁入城市了。在城市，人们既没有失业，但也不能离职；在农村，农民的任何生产品都必须送到指定的国营机构里。在这样一个时代，人是不自由的，但也不孤单；人是不流动的，但处境是确定的；人是没有权利的，但总有人命令你去做什么。

近三十年来，中国社会的焦虑感突然弥漫开来，人们感受到这种突如其来的焦虑给自己所带来的是文火似的慢灼。可以说，当代中国社会这种普遍的焦虑感，作为整个民族的群体性心理经验，是过去几千年来的中国社会所没有过的。

这种群体性心理经验，与人们获得某种程度上的自由有关。自由度加大，意味着人们有更多选择；作出选择，就必须承担选择所导致的后果。面临选择、承担未知后果，都意味着焦虑。

自由的三个意味

近三十年的“深化改革，扩大开放”过程，也是个人不断获得更大自由度的过程。

社会成员拥有更多的自由度，个人价值就会更多元化，因而也就具有更多的责任担当，焦虑感就会更为强烈。自由所带来的焦虑，与个人化有关，与选择有关，与责任有关。流浪汉是自由度“最高”的人群之一，流浪汉比其他任何人都更懂得随遇而安，他们讲的是“哪儿天黑哪儿过夜”。但是，对于大多数人而言，自由总是衍生出三个副产品：孤独、选择与责任。

首先，自由意味着人的孤立感与无助感。自由就是人成为个人，成为他自己，只有自由的个体才会感到真正的孤独。

人们感受得到改革开放所带来的令人眼花缭乱的变化，这些变化其实可以从个体化、流动化和市场化三个层面来理解。在流动化的社会里，人、财、物、知识和信息以超越时空的态势转移，人们因流动而获得自由，但流动性也可能让原本固定的人与人之间的关系变成浮萍。市场化的深入，把所有人都卷入了货币经济，人与人之间的关系因市场或货币而接近，但心理与情感的距离却疏远了，那种温情脉脉、守望相助的共同体感觉，渐渐化为“乡愁”。在流动化和市场化的双重背景下，人成为追逐独立个人利益的自由个体，逐渐摆脱束缚的个体，似乎并没有获得真正的自由与独立；相反，个人可能会表现出极端功利化的心态，在求利不得时常常会感到无助、无奈和茫然。

改革开放之后，人们获得了极大的“自由”，但人际关系却因财富的争夺而变得充满敌意，强烈的自我中心意识使人们倍感孤立。

其次，自由意味着一个人可以且必须作出选择。

自由意味着你有选择的余地。正如前面谈到的那个囚徒，当他获知自己即将得到释放的前些日子，他陷入了焦虑之中。当他具体地感知着自由情境的时候，他的焦虑感陡然如热水般滚沸起来。这是典型的决策焦虑。他的这种“决策焦虑”，与一个政治家决定施行一项重大政策之前、任何一个跨国公的 CEO 决定投资某个项目的前夜的焦虑，是完全一样的。

期望值越高，愿景越明晰，焦虑感越强烈。所谓期望值，按照弗洛姆的解释，就是达到目标的可能性，达成目标的可能性越大，即期望值越高。人们对完全不抱指望的事，是不会产生什么焦虑的。同样，一个对未来只有非常模糊概念的人，既无所谓乐观，也无所谓悲观。一个从未想过改变自己的地位的人，是“只问耕耘不问收获”的人，怎么可能有焦虑呢？

最后，自由意味着他必须对自己和别人承担责任。面对需要自己承担的责任，一个人是恐惧的。一个人是自由的，他就要独自面对来自各方面的危险和强大压力。

中国人的责任焦虑是与最近三十多年的巨大变化紧密联系在一起的。中国社会的个体化、流动化和市场化进程的展开，其实是一个矛盾展开的过程：一方面，自由、自主和权利是可期待的；另一方面，支持、互助和责任也成为另一种未必有望的期待。而任何性质、任何程度的自由，对于个人来说，都意味着对责任的担当：他必须对自己所作出的任何选择及其后果承担责任，对与自己有关的人承担责任。这时候，许多人对自己是否具有承担这些责任的能力充满了怀疑，对承担责任的后果充满了恐惧，对自由的焦虑成为生命中不能承受之重。

被“体制化”的人们

人对某种处境的依赖是为了寻求安全感，但是，这种安全感具有某种臣服性质。在童年期，一个孩子有成长、脱离束缚的冲动，而分离又可能导致不安全感，因此，孩子又有寻找父母庇护的需求。这种冲突构成了一种焦虑。同样，个人从属于某个集体、某个组织的时候能够获得巨大而稳定的安全感，在那里，他只需听命，而无需作出决定；他可能会遭受饥饿和贫困，却占据某个位置，别人和他一起也在经历着同样的遭遇；他改变不了任何现状，但他早就学会了安于现状。在个人完全切断束缚着他进入外面世界的“脐带”之前，他无自由可言，但这些纽带给了他安全感、归属感。因此，自由的缺失，对自由的放弃与逃避，都意味着个人的某种安全与依赖。

这种安全与习惯性依赖，在《肖申克的救赎》这部经典影片中，叫作“体制化”：人对于剥夺了他的自由的任何地方，一开始你恨它；接着，你就会慢

慢习惯它；到最后，你会依赖它，离不开它，甚至爱上它！对体制的适应与依赖固然可以叫作“体制化”，但同样是因日久而生依赖、而生情感的，并不一定就是“体制化”。“体制化”只是被借用的对某种心理依赖的表述，“体制”可理解为某种规则、习惯、意识和氛围的环境。

《肖申克的救赎》有一段情节最令人唏嘘：

> 老布鲁克斯是一位被判处终身监禁的重刑犯，他在狱中已经待了50年。当得知政府即将假释自己这个年逾古稀的老年犯人时，他竟为了能留在监狱，试图伤害另一名狱友。假释后，老布被当局暂时安顿在“中途之家”，在一家超市当收银员。但老布无法适应狱外生活：“我小时候只见过一辆汽车，可现在满街都是。”没人和他做朋友，同事对他没有同情只有鄙视；在狱中他睡得很香，现在却夜夜做着同样的噩梦。在这样的煎熬和折磨之下，老布在他暂居小屋的横梁上刻下“老布到此一游”之后，悬梁自尽了。

黑人重刑犯瑞德，向我们道出了布鲁克斯的内心真相：“他已经爱上了这监狱”，“他在此已50年了，50年！这是他唯一认识的地方。在这儿，他是个重要的人，一个有教养的人；在外面，他什么都不是，只是一个假释出来的囚犯，申请一张借书证都有困难”。而就是这个曾经犯罪而今改过的瑞德，在获得假释之后，立即成为第二个老布，虽然没有自杀，可他的表现却比老布更令人惊心：在自由的处境中，只要没人下命令，他连尿都撒不出！

人对一种事物的依赖是出于自己的精神思维以及习惯，而在跳出原有的限制之后，人们本能的反应往往是想在新的体制内寻找旧体制的拘束。按照弗洛姆的观点，现代社会给人们以极大的自由，但与此同时，由于自由的增大，现代人与社会、与他人的联系日益减少，个人的责任日益增大。现代人日益缺乏归属感，经常体验到孤独和不安全感。一种政治哲学认为，当人被剥夺自由到了一定的时限和程度，人就不再珍视自由和追求自由；反过来，他会视自由所伴随的责任为负担，对自由所必须作出的抉择感到茫然无措。

同样，当恐惧与焦虑到了令人无法忍受的时候，自由似乎失去了价值，人们会转而寻求提供安全感的权威。这也是现今相当一部分国人的心理特征。一些上了年纪的人，尤其是那些在最近几十年里感受到“被剥夺”“受虐待”，从而对自己的生活前景感到不安、对社会有严重的不公正感的人，会真切地怀念共同贫困的“过去的美好时光”，他们就是对自由充满焦虑和对不自由的安全感充满了依赖和依恋的老布鲁克斯们、瑞德们。

3 价值体系：传统与现实的对话

价值观的变化

价值观是人产生混乱与焦虑的总根源。20 世纪初德国作家黑塞在《荒原狼》中写下了这样一段话：“当现代人仿佛被困在两个不同的年代、两种不同的生活模式中，他们了解自身的能力便全然丧失，没有标准，没有安全感，也没有最起码的共识。”

时代的变迁、生活方式的巨大变化，使人几乎不认识自己是谁，自己想要的到底是什么。每个人心中都有一个“回不去的故乡”，作为生活方式、文化形态和价值观念的“故乡”，已经在人们的心理地平线上消失了，“老宅”在心中坍塌了，但新的价值观这座“城市”仍然是一片荒原，还永远处于“在建”之中，我们甚至不知道如何更好地居住在陌生的“新居”里。过去经济的、伦理的、社会的以及政治的种种准绳，早已不能维系我们的任何安全感，新的规范还在我们预见的某个前方。

中国传统的核心价值观，就是儒家的“义以为上”和“独善其身，兼济天下”，而中国传统的道德体系则是儒家的道德思想；而儒家思想的核心，是伦理学意义上的“德道”，而非政治学意义上的“王道”。发端于宋儒、阐发于清儒的“王道”，宣扬的是帝王将相的思想，主张个人崇拜、反人道、反法治，其与生动活泼、作为人间道德体系的原典儒学有着很大的区别。儒学道德准则，主要表现为仁、义、礼、智、信、忠、恕、孝、悌。

“仁”是孔子思想体系的理论核心。仁即仁爱，仁爱的对象是世间不确定的任何人，这与西方的“博爱”思想并无冲突。

“义”的本字是“谊”，《说文》：“谊，人所宜也。”这意味着，古人对于义或不义的理解，是以一切是否适宜于人的生存、生活为标准的。如果仅仅从语义学的角度看，“谊”的本义与“人权”的观念相当接近。

“礼”指的是符合仁义的行为准则，包括“温、良、恭、俭、让”这些具体内容，这种行为准则对中华民族精神素质的培养起了重要作用。

“智”与“知”同，在孔子看来，知也是一个道德范畴，“知之为知之，不知为不知”。它还是一种对认识和知识的态度，而不仅仅是指知识、智慧内容本身。

“信”就是诚实不欺，言行一致，它更强调一个人处事时的道德自律。

“恕”的含义，就是我们都知道的“己所不欲，勿施于人”，包含宽恕、容人之意。

“忠”并非我们现在狭隘地理解的对统治者的盲目服从，它的真正含义是“己欲立而立人，己欲达而达人”。

“孝”不仅限于对父母的赡养，还有对父母和长辈的尊重，它是维护家庭和社会和谐的重要道德信念。

“悌”指的是对兄长的敬爱之情。

中华民族传统道德产生裂痕，最初是从清末与民国之初一批人搞“打倒孔家店”等所谓“新文化运动”开始的。到了“文革”时期，中国传统文化再次遭到一场前所未有的劫难，搞了一次全民大“批孔”。

中国未曾有过全民性的宗教，儒家思想承担了原本应由宗教来承担的道德体系构建的使命。旧的道德体系全砸烂了，新的道德体系尚处于在“建”之中。

进入新时代，功利性文化悄然登场。功利目的成了一些人处事的唯一动力。而所谓的“成功”，却常常与个人才智、努力，与其对社会的贡献并不正相关，它似乎更多地取决于某些关系资源，以及对这些关系资源的巧妙利用。于是，经济上的不成功，导致戾气和敌意，而经济上的成功却并没有带来生活幸福感、工作与学习的价值感。一个社会如果除了物欲与虚荣什么都没有，那么在我们过于贫瘠的心灵中，除了焦虑，我们还有什么？

过分功利性的后果

首先，过分的功利性使人的任何行为都成为应对性行为，使人的生活和工作完全变成一次漫长的负重旅行。

马斯洛在《动机与人格》中反思了美国的实用主义文化，认为过分实用化、过于清教化的美国使目的本身成为其他手段的手段。即使是美国当代的心理学，也因为实用主义而放弃了一些本来对心理学关系重大的领域，而只专注于实用效果、技术等。对于审美的心理，对于敬畏，对于爱，对于高峰体验和终极关怀这类“无益之事”，反而很少有发言权。

在《动机与人格》中，马斯洛还区分了表达性行为和应对性行为。应对性行为是有目的和动机的，更多地由外界环境和文化变量决定。与表达性行为在大多数情况下无须费力相反，它需要作出努力，需要控制，诸如受到压抑、约束、阻止等，因而使人感到“活得很累”。

表达性行为更接近于道家的“无为而治”，顺其自然。它是无意识的，表达本身就是目的，主要取决于机体本身的状态，它不必通过学习强化，不受控制，也不可控制。即使表达性行为引起了环境的某些变化，那也是无意的。比如，跳舞作为一种表达性的行为，是自发地、流畅地、自动地合着音乐的节拍，应和着舞伴无意识的愿望，肆意妄为酣畅淋漓，与音乐、与舞伴无意间仿佛融为一体，物我两忘。在这种自发的状态中，一个人忘了节奏，却无不在节奏上；一个人全然忘了舞姿，却无不蹁跹潇洒。

显然，一个人发自内心、顺乎自然的表达性行为，是不可能产生神经性焦虑的。

应对性行为却是一种应对这个世界的行为，行为本身不是目的。例如，应对性的跳舞，它的任何一个动作都充满了对效果、后果的预估，应对性的舞蹈动作很少有美的享受，美被肢解成了节奏、步伐、速度、力度这些“机械零件”。由于应对性行为是出于对外在的需要，因此，如果没有外在的激励，它就会趋向于消失—— 没有人真的愿意让自己总是“活得很累”。

应对性行为是出于匮乏性的动机，比如，为了博得上司的喜欢与好评，一个人就会表现出种种应对性行为；而自我实现却没有这个意义上的缺乏，而是一种自如的状态、惬意的状态，因此它的行为表现是表达性的、非功利性的。马斯洛认为：“最高级的动机就是达到非动机，即纯粹的表达性行为。换言之，自我实现的动机是成长性的动机，而不是匮乏性的动机。”

其次，过分的功利性，还使人因为浮躁而失去他们刻意追求的效率。

古语说：“欲速则不达。”这与马斯洛的“甚至于从效率的角度来说，急躁通常也是无益的”这句话有异曲同工之妙。实际上，马斯洛也确实直接引用了中国古圣先贤老子的以下两段话，来说明不刻意给人带来的另外一个意义上的“效率”，一种为人、做事的境界：

“道常无为而无不为。侯王若能守之，万物将自化。”（《老子》，三十七章）

“为无为，事无事，味无味。”（《老子》，六十三章）

这位当代美国人本主义心理学的代表人物，在他的著作中，多次引述并表达了对古代东方道家智慧的敬仰之情。

“无为而无不为”是老子哲学的基本命题，这个命题是通过自身的深度悖论来展现人与自然之间、人与人之间、人与事之间所蕴含的一系列深刻意味的。人区别于宇宙万物的一个独特之处，恰恰就是人能够有目的、有意识地从事各种创造性活动，即所谓的“有为”。老子的“无为”，并不是要人们什么都不做，消极等待，他指出了“为”对于人的理想存在所具有的肯定性、

积极意义。而“无为”的真正含义是不刻意，不志在必得，不“以结果为导向”，是既能拿得起，也能放得下。

耶基斯和多德森，从当代心理学的角度，也为老子的哲学作了一个有力的注脚。他们发现，动机水平与作业水平之间的关系也并不是简单的直线关系，而是倒U形的曲线。中等强度的动机最有利于任务的完成。动机的强度适中，对学习、工作、比赛、考试等，具有较好的促进作用。一个人在动机强度低于最佳水平时，随着其强度的增加，水平也会不断提高；相反，水平就会不断下降。这一研究结果被称为“耶基斯-多德森定律”。

高度强烈的动机和低强度的动机一样会降低学习和工作的效率。因为动机过强，紧张和焦虑强度过高，注意与知觉的范围就会缩小，思维会受到一定的抑制，从而会给学习和工作带来不良的影响。在重要的考试和重大的体育比赛中，经常有人发挥失常，往往就与此有关。

“无为”不是“不作为”，如果只是简单的不作为，人就不可能达到自我实现，但求胜心切，乱了方寸，其结果就与不作为一样。

“为”是在行动上，而“不为”是在心态上。

过分的实用性指向，使人的心理空间完全填满了功利目的，没有灵动的、腾挪的空隙。具有过分实用性指向的人，心灵空间是“不透气”的。诸如旅游这样的活动，原本是为了让人有机会走向自然、贴近自然，让心灵放松片刻。一旦旅游成为一种“产业”，旅游者成为产业的消费者时，旅游就成为一种“议事日程”，成为一种任务。这些本来应当是非动机性的活动和体验，就成了“有目的、可以达到、事务性的活动形式了”（马斯洛）。心灵的解放，有待于我们对过分狭隘的功利主义的超越。

需求的不断催生与超速膨胀

在广告和“别人生活方式”中被唤醒的需求

需求从来都不是人们想当然地认为的那样，而是人们原本就有的。商业社会中的大多数需求是被刺激出来的。当代人膨胀的需求，是因为两大刺激物：一是广告，二是“邻居们”的生活方式。这里只讨论广告是如何唤醒人们的种种欲望与需求的。

广告能够使从来没有过的需求变成煎熬人的渴求，比如第一辆汽车。广告能够使一些原本是可有可无的东西，变成真正的需求—— 因为我拥有了，我就优越于其他人；或者，因为别人也有了，如果我没有更好的就是不体面的。比如更好品牌的第二辆汽车。

首先，广告提供的生活情景，拓展了大众的生活空间。

消费商品的同时也是对另一种生活的想象，广告拓展了人们想象的生活空间：原来别人的生活是这个样子的，或者，我的生活原来也可以是这个样子的！即使没有见到实物，人们通过广告，仍然可以意识到似乎唾手可得的丰盛实物。广告中的欲望代码系统正在以日积月累的形式引导人们做一个巨大的“白日梦”。宫廷生活、异国风情、明星之梦、青春活力、家……这些因素构成了物质欲望的代码系统。广告为普罗大众描绘了一幅幅有声有色、充

满动感、情景逼真的生活“愿景”。

人们以广告的各种元素为素材，对物质生活愿景进行重新描绘，同时也在发泄对当下的不满。因为，广告上所有精美的物品、所极力倡导的生活方式，无不是“生活在别处”，那是一枚枚不能立即解渴的青梅，一切都是吆喝在嘴上、闪动在屏幕上的画饼。

各种广告、时尚杂志都在引诱着人们产生新的需求。任何商业广告的最后一句潜台词无不是“请掏出你的腰包”！铺天盖地的广告、时尚杂志所倡导的生活方式，使贫穷愈加变得令人无法忍受。丰硕的想象盛宴与羞涩的钱包磨合，磨出了对自己财力的严重不满——这个世界除了我能够支配的钱，啥都不缺。

对于受众而言，这种逼真而丰富多彩的广告更“要命”的，是某些价值观念、意识形态的传递与灌输。

广告所提供的信息无不是对某种产品的褒扬，这种褒扬必须依据商家所认定并竭力向大众推荐的价值观念。种种精美的商品周围，无不附有一个由社会环境、生活观念以及特定文化价值组成的网络。这个生活观念和文化价值的网络是巨大的、看不见的，却是真实存在的。在广告业足够发达的时期，80%的广告是没人关注的。然而，随着广告而送达的生活观念和文化价值，作为一种“这就是你所需要的生活”的假定性前提，早已深入人心。

许多广告突破了现实的平面，将隐匿于现实躯壳之下的某些冲动解放出来了。“望子成龙？请用某某某牌奶粉”“总统，用的总是某某笔”“喝某某啤酒，听自己的”——这些商品在介绍的同时还在诱发某些欲望；时尚杂志的封面女郎富于挑逗意味的眼神朝你尖叫，奔跑的汽车，甚至伟哥、电线杆上贴着治疗性病和高薪招聘小姐的广告，都透着潮水般汹涌澎湃的欲望。

广告正是利用恰当的修辞表白，凝聚甚至制造、生产受众的种种欲望，因为欲望是消费的原动力。归根到底，广告的使命就是表达、凝聚欲望，甚至直接制造种种欲望。

许多广告不约而同的潜台词是：美好的生活在别处；只要购买广告所推荐的商品，人们就会进入另一个精彩的生活空间。商品意象组成的“生活在别处”的世界，与人们生活中的当下情景的差距是显而易见的。如果你是个财力微薄、地位卑微的人物，这种差距则是不可弥合的。如果你继续无所作为或运气很糟糕的话，这个差距就会愈来愈大。

潘多拉宝盒打开了，疾病、疯狂、罪恶、嫉妒等祸患一齐飞了出来；广告以及邻居们为你打开了“另一种生活方式”，你沉睡的欲望被唤醒了，需求变得越来越难以满足，痛苦和焦虑便在你的心里扎下了根。

今天的我们，常常同时被好几只需求之狗追赶得没工夫停下来从容地撒泡尿。

膨胀的需求

亚当·斯密在《国富论》一开篇，就把商品分为必需品和奢侈品。他所定义的必需品范围还是比较广泛的。而在古希腊斯多葛派哲学家第欧根尼看来，除了一个人用于维持生存所必需的水、食物、御寒衣服，世上其他任何东西都是奢侈品。

今天，“必需品”的外延在不断而迅速地扩大。比如，有没有轿车已经不是问题，问题是有过几辆、什么牌子，是自己开还是有专职司机。作家韩少功在一篇文章中对于“幸福感”写过一段很有意思的话：过去，我们如果拥有一辆自行车，至少可以幸福上半年；现在我们买一辆轿车，幸福感最多维持一周就消失殆尽了。

人们对自身所处的客观环境和现实条件所作的解释和评价，依据的是历史、文化、个人背景和经历、个人愿景以及期望值等诸多因素。满足感的可持续时间越来越短，是因为我们的需求膨胀、延伸速度，快得连高速行驶的动车都莫能及。

人产生的某种需求，并不总是能立即得到满足，不能满足就可能使需求变得越来越重要。紧张感、焦虑感就产生在这一阶段，并成为一种巨大的“能源”，孵化出为寻找、追求这类行动的心理驱动力，从而产生富于戏剧性的外显行为。这些外显行为，往往成为我们小说、戏剧的基本素材和表现对象。倘若没有需求与焦虑，生命个体和人类历史基本上都没“戏”可唱。

我们以某些行为来实现需求的满足，或者我们的努力竹篮打水一场空，所有这些过程，正是人生种种悲喜剧的高潮迭起之处。我们的心路历程和命运，也在采取行动之后的满足与未能满足之间出现转换。

在获得某种满足之后，我们的焦虑感开始减弱，一味地享受着在获得满足过程中的某些瞬间。这个时候我们所享受的，就是高潮之后、尾声阶段的那些“边际效益”。随着时间的推移，这些边际效益会无可挽回地呈递减趋势，最终接近于零。体味起来，似乎我们从未曾有过什么焦虑感似的。

在满足现有需求之后，新需求会不断诞生，别人需求的实现也在不断催生自己的新需求；焦虑感在我们的需求不断诞生的过程中滚动播出，构成了我们看起来总是很不幸福的人生。

哲学家是一些把简单事物高度复杂化，又把极其复杂的事情高度简约化的人物。罗素说，一个人一生中其实只做过一件事，就是把某事物从某处搬移到另一处。

由此，现在我们知道了人们为什么如此“生命不息，战斗不止”，如此热衷于把某事物从一处搬移到另一处的“原始推动力”—— 不是“上帝”，而是需求。

如果需求总是得到满足，在焦虑感、紧张感弱化之后，人们会再产生新的需求，如此周而复始，那么，我们人类的生命个体活动和社会活动，都只能像地球自转一样，一切都是可预料的，一切都用不着苦苦寻求。人的生命历程乃至于人类历史，都只能单调地在原地转圈圈，没有焦虑，当然也没有任何戏剧情节可言。

然而，与春夏秋冬四季更替不同的是，绝大多数人的绝大多数需求在寻求满足的过程中，都会与挫折遭遇。俗话说“人生不如意十有八九”，这句话也无意间与帕累托“20：80 原理” 唱出了同工的异曲。至于人们过年时和应酬场合使用频率最高的祝福语“万事如意，心想事成”，意思正是“希望你在满足需求的过程中不要与任何挫折遭遇”。我们知道，这是不可能的。世界上所有的祝福与诅咒，基本上都是另一种需求。

需求的膨胀

几乎所有的人都会在循环往复中与挫折遭遇，挫折使一路呼啸而行的寻求行为的列车拐向“未满足”的方向。受挫使原先隐隐的焦虑感，陡然变得清晰起来；清晰起来的焦虑感，因为我们意识到它的存在，便得以膨胀，成为一头体积不断长大、手脚不断伸长的怪兽。这是生命历程中生命主体清醒地意识到自己的痛苦，并反复咀嚼玩味痛苦的时刻。

挫折是焦虑这一串多米诺骨牌的第一块。

受挫使焦虑感清晰化

与挫折遭遇的第一个结果，是我们对自己有了如下两个新的发现：

一是发现我们的这个特定需求原来比预期的要强烈得多—— 事实上，在采取某种行动之前，我们很少有意识地对自己的需求强度进行预估。如果没有挫折，我们不太容易感受到这个需求对我们有多么重要。

二是由于发现自己的需求比原先所了解的要强烈得多，也即需求得到了强化，那些与寻求满足过程相伴随的焦虑感，也跟着从隐性变成了显性：我们清晰地意识到了自己正处于焦虑之中。“急得像热锅上的蚂蚁”这句俗话，正是对这一状态的生动描述。事实上，我们一生中的许多时候，都曾酷似这只可怜的蚂蚁。

高清晰度的焦虑感，像一只气球，紧接着会迅速膨胀起来。

受挫使焦虑变得越来越强烈，使人生单调但令人乐此不疲的戏剧脚本变得情节复杂、跌宕起伏。弗洛伊德认为，焦虑是本我的冲动（尤其是性冲动）引起的，这就是所谓的冲动性焦虑。在一般情况下，冲动性焦虑会随着行动的开始而逐步得到缓解。如果一种冲动总是不能转化为行动，或者某种行动在通往需求满足的征途上遭到失败，人就会越来越着急，这种情况称为“限制性焦虑”。

人同时有好几个动机，这样就会导致动机冲突。动机冲突也会引起焦虑和“唤起”，这种情况称为“冲突性焦虑”。冲动性焦虑和限制性焦虑经常难分难解。

膨胀的焦虑感向外延伸

某一需求得到满足之后，新产生的需求可能在需求层次上会有所提高。马斯洛的五个需求层次理论正是以此为前提的。某种需求受挫，同样也会产生与这一受挫的需求相关的其他需求。然而，这些需求并不总是在层次上有所提高，它们更多的只是低水平的需求重复或需求替代。需求受挫导致的焦虑感，一旦清晰化并得以膨胀，焦虑就会向前延伸、向外溢出。需求延伸不同于马斯洛描述的五个需求层次的提升，它是使需求扩大到与原先那个特定的需求无关的内容中，是同一水平需求或更低水平需求的外溢与扩展。

一个在春运期间买不到火车票的人，他对火车票的需求可能延伸出如下新的需求：

a. 一张汽车票；

b. 一张飞机票；

c. 或者，干脆买一辆私车。

由于他目前的财力对于购买一张机票还比较勉强，而离购买一辆私车的距离还相当遥远，于是，他对金钱将产生更大的渴望，对财力匮乏的焦虑变得比买得到火车票的时候突出得多。就这样，焦虑感延伸成为另一种“蝴蝶效应”，与受挫需求相关的其他需求，渐次被唤醒过来：亚洲蝴蝶轻轻拍动几下翅膀，将使美洲几个月后出现比狂风还厉害的龙卷风。只不过，在焦虑感延伸的“蝴蝶效应”中，漂萍之末在人的内心，风暴呼啸于人的内心。

需求延伸所导致的最大负面情绪是，焦虑感延伸到受挫事件之外的其他领域，一个人会产生越来越多、越来越强烈的不幸感。

5 面子文化传统与毁誉的处境

面子要紧

霍妮在《神经症与人的成长》中指出:“病态自负多种多样,其中,名望价值中的病态自负看起来最正常。”“名望价值中的病态自负是神经症中最不典型的。这些事情对于许多精神困扰严重的人来说和对于相对正常的人一样意义重大……然而有些人却把病态自负大量投入到这些名望价值之上,这些价值对他们而言至关重要,因此他们的生活就像围着这些价值转,他们的精力都消耗在受这些价值的奴役上。”

霍妮所说的“病态自负”与“名望价值”如果换成中国式的语言表述,就是面子了。虽然中国人并非个个爱面子,外国人也不是个个都不要脸,但面子在中国人的社会生活中的重要性,恐怕其他任何一种文化都望尘莫及。

近代在中国传教的美国传教士明恩,他在《中国人的性格》一书中一开始就讲“面子要紧”。俗话说“人活一张脸,树活一张皮”,指的就是人十分重视脸面的存在。

我们既然如此讲面子,自然而然就爱面子,常常会为了爱面子而不惜浪费人力、财力、物力。这些人当中不乏侠义心肠之人,也不乏虚荣之辈。人一旦为面子、名望价值所奴役，那么任何可能对其面子、名声不利的言论和事件，对他来说都是无法承受的。被自己的一张脸面所奴役，就会造就出某些人一生中无尽的焦虑和痛苦。

·维护面子的代价之一：心理代价

霍妮在讨论“病态自负”的时候，曾顺便分析过人们怯场的心理原因：“恐惧、焦虑及恐慌都是出于预期会出现的屈辱或已经出现的屈辱的反应。预期的恐惧可能与考试、公演、社交聚会或约会有关；在这些例子中，预期的恐惧常被称为‘怯场’……一个人害怕自己无法表现得像自己应该做到的那样完美，因此他为自负有可能受伤而感到恐惧……这时，无意识的力量会作用于一个人，使他的表演能力无法正常发挥。这时怯场是一处恐惧：因为他有自毁倾向，害怕自己会滑稽地忸怩不安，忘记台词，‘紧张得说不出话来’，因此使自己蒙羞，而失去荣耀与胜利。”

上述分析是跨文化的。但我们中的许多人在同样情况下，要比一般意义上的“病态自负”的人更怯场，这是因为我们还有维护面子的需要。就以上台讲话而可能怯场来说，还要多出如下焦虑负担：

首先，会希望自己表现得比平常更完美，这是希望得到更多的赞誉，也就是希望使自己“更有面子”。为了更有面子，就得追求完美，结果反而不能发挥正常水平。不完美，意味着自负受伤。自负陡然化为自卑。

其次，害怕自己无法表现得像自己应该达到的那种水平，这是害怕得不到赞誉，也就是害怕“没面子”。

最后，他害怕自己无法得到正常的发挥，这是害怕不但会失去应有的赞誉，而且会遭受屈辱，而这就不只是“没面子”的问题，还是十足的“丢脸”的事。

·维护面子的代价之二：物质代价

每个人都有两个“我”：一个是理想的我，一个是现实的我。现实的我即真实的自己，这个我总是面对当下；而理想的我则着眼未来、能力非凡，具有很高的道德水平。

人总是趋向于对外展示自己优秀的一面，即尽可能使自己的行为表现与理想的我相吻合，这就涉及面子的问题。

比如，在朋友聚会宴饮后，我们会争着买单—— 哪怕我们心里并不那么愿意。又比如，当一个朋友向你提出一个超出你的能力的请求时，为了面子，你不好意思说“不”，结果因为无力相助而让朋友很失望，最终使自己很“没面子”。

为了面子，我们经常不得不付出额外的代价，当这种代价严重超出“现实的我”的支付能力时，两个“我”会产生冲突，并以一方暂时战胜另一方而告终。“理想的我”占上风时，面子给我们塑造的形象是：仁义的、慷慨大方的、不计小节的、虚荣的、有身份的、不切实际的，甚至是愚蠢的。反之，则是小气的、自私的、虚伪的、低贱的、现实的……

面子保卫战

林语堂先生说：“中国人的脸，不但可以洗，可以刮，并且可以丢，可以赏，可以争，可以留。”我们在社会生活中打的“面子保卫战”，有种种“战略”与“战术”：

当我们觉得丢了面子时，我们就会努力地争回面子。此时，我们是非常焦虑的。为了避免焦虑，我们有时会采取撕破面子的做法，说难听点就是“死猪不怕开水烫”，一个豁出去的人是没有焦虑的，但一般不敢豁出去。

为了保全面子，人们一般都会采取种种措施：

通过顾全他人的面子，从而维护自己的面子。这体现了双赢思维。

通过损伤他人的面子来维护自己的面子。这是零和博弈。

通过贬低自己以抬高别人的面子。俗话:“吃了一个耳光,陪上一张笑脸”,指的就是这种。但这一做法一般总是运用在求人办事、对人有期待的时候。

讲面子的原因不外有二：一是满足自尊或自负的心理需要；二是面子就是一份无形资产，具有社会交换功能。

面子与毁誉

面子关乎毁誉，而毁誉影响我们的实际生活：

首先，声誉的损害能够带来物质利益的缺乏与危险，而良好的声誉却能够带来直接的物质利益。

在商业社会中，当一个人被贴上“不诚信”的负面标签时，他就将永久性地失去了调动诸如资金等重要商业资源的能力，为他的“不诚信”付出沉重的代价。相反，则会一本万利。

一个教授的水平可能并不比一个普通教师更高，但人们更愿意通过这一符号来识别一个人在某一专业领域的造诣。在绝大多数情况下，这种识别是正确且有效的。

在某些领域，例如演艺界、商界，虽然用来包装的各种媒体和符号，与被包装的那些人的内在能力与水平常常风马牛不相及，但这些用来评价某个对象的一系列“符号”，却能够极大地节约社会识别成本。

其次，社会评价与一个人的地位提升、事业发展的空间密切相关。

社会对每个人都是相对公平的，如果一个人的思想与社会意识形态相背离，那么他在地位升迁、职业发展等方面，也会前途暗淡。

当然，也有在价值观、生活方式以及日常行为方式上特立独行的人，他们在地位提升和事业发展上一帆风顺。一般而言，这些人所遇到的外力阻碍，至少比那些随大流的人大得多，因为他们“不一般”。

一个商人到美国拓展业务，事业发展的不顺，使他陷入严重的焦虑。不久，他成了一名新教徒，接受了洗礼。其实，这与他的信仰其实没有什么关系，而是因为他发现，在这个地方，如果他坚持自己原来的信仰，与当地社会就显得格格不入，大家对他的品行就会作出负面的评价。解决这一问题的唯一途径，就是使自己在价值观念上看起来与大家都一样。当他成为“当地人”后，他也就赢得了当地社会的认同。

最后，他人对自己的态度和评价，直接影响到我们的自我评价，影响我们的自尊水平。

卢梭在《忏悔录》中回忆了自己少年时曾是个小偷，而且他是个很不高明的小偷，常被逮着，几乎每一次都挨打。其实，小偷也有道德上的自我谴责，同样也会处于道德焦虑中。然而，别人对他施加的体罚，使卢梭从道德焦虑中解放了出来：我偷东西是不对的，但既然你们已经打了我，那么你们对我的体罚与我的不对彼此抵消了。也就是说，只要付出挨打的代价，那么偷窃就是一种不被社会允许却也不必自责的行为，只有那些不付出代价的行为才是不道德的。这是卢梭对偷窃行为与挨打之间的关系作出的自我评价，他没有丧失一个“小偷的自尊”。

一旦自尊受到伤害，人的内心就是焦虑的。

承：焦虑与容易焦虑的人

女性一直以来处于相对的弱者地位，当处于无助、无奈处境中时，女人可以用哭泣缓解她们的焦虑，这常常被看作女性的美德，女人的依赖与倾诉被认为是理所当然的。男人必须在独立与强有力的假象中压抑自己的依赖需要。因此，对一些男性来说，酗酒就成为缓解焦虑的方便之门。

一、焦虑之苦

正常焦虑与神经性焦虑

焦虑之虑

格罗斯对焦虑的经典定义是：人对发生危险或威胁的预期。对这种“预期”状态的心理机制，我们有必要在这里做个简单的描述：

一方面，焦虑是一种自我强迫，即担心：对可能发生的不利情况的担心，以预估与想象为主要内容的担心，导致对可能出现的不利情况的恐惧。另一方面，它又是一种自我反强迫，即拒斥：因为对这些情景的恐惧，人会尽量否定、拒斥这一情景。拒斥没有压制原有的担心，反而会放大想象中的不利情景，从而增强焦虑。

自我强迫与自我反强迫相互对立，构成了所谓的“心理冲突”，因为不利情况的发生是可能的，而不会发生也是可能的，担心的对象与拒斥的理由都具有可能性。两种可能性在一个人的内心世界里发生持久的战斗。精神分析理论把这种同时有两种相反的评价、态度、情感或动机，称为“两价性”。这

种“两价性”，使我们陷入了焦虑漩涡，并很可能把我们淹没。

焦虑是一种心理冲突，不论其作用是正面的还是负面的，焦虑过程本身绝不是一种令人愉快的心理体验。

焦虑可以分为四个层次：

第一，无焦虑状态。人无焦虑，必若枯木冷灰，死水无痕，这是精神分裂者、痴呆者的心灵。

第二，宏大焦虑，即形而上的、历史的、文化的焦虑。宏大焦虑似清风不绝，但见一池秋水微澜，这是身在于世而心出于世者的焦虑。例如，杞人对苍天塌陷的忧虑，孔子对礼崩乐坏的千年之愁。

第三，世俗焦虑，即所谓正常焦虑，犹风起见波涌，风止则水静，这是正常人的心灵。例如，担心孩子高考失利，为还房贷而发愁，怕心仪的对象看不上自己。这些事情弗洛伊德先生看不上，却是我们最常感受到的人间焦虑。

第四，病态焦虑，如无风之处而浊浪排空、无患之处却痛声连连，这是神经症的心灵。这是弗洛伊德先生和他的同行、弟子们毕其一生之力要解救的人类心灵的灾难。

以上四个层次，居中的二者是人的正常状态；而居于两端的，前者是精神病才有的状态，后者是神经症的表现。

神经性焦虑有如下三个方面的特征：

第一，找不到具体内容。比如，说不清、道不明，但到处看到的都是“不祥之兆”。

第二，反应过分强烈。例如，高考前夜按时入睡，但因过分焦虑而彻夜难眠。这种过分强烈的焦虑，给一个人的心智、能力的正常发挥构成了威胁，造成了破坏。

第三，它是持久的、反复出现的焦虑。

男性焦虑与女性焦虑

性别与焦虑有较大的关系。男女焦虑的强度、原因、缓解的方式等都有明显的不同。

首先是生理机能上的差异。男女体内睾丸激素分泌是不一样的：男性体内这种荷尔蒙含量比女性体内要高很多，睾丸激素的分泌，解释了为什么男性更有控制欲和征服欲。因此，在某种程度上，男性相对不容易感到恐惧、害怕，而在面临某些危险时，也会采取比女性更为激烈的方式。

其次是文化背景和社会角色上的差异。女性在社会责任上的焦虑比男性要弱，但女性有更强烈的安全焦虑。所以，男人能否给她某种安全感，就成为她择偶的一个重要标准。

角色差异导致对待焦虑的策略上存在差异。男性一贯以来是责任的承担者，因而形成了一种克服焦虑的应对机制，可以有效地避免因焦虑而产生的惊恐症。

而女性一直以来处于相对的弱者地位，当处于无助、无奈处境中时，女人可以用哭泣缓解她们的焦虑，这常常被看作女性的美德，女人的依赖与倾诉被认为是理所当然的。男人必须在独立与强有力的假象中压抑自己的依赖需要。因此，对一些男性来说，酗酒就成为缓释焦虑的方便之门。

2 从应激反应到持久的焦虑

应激反应本来是动物面临现实威胁时的反应。例如，一只兔子侥幸躲过了一场劫难，这只兔子的大脑会正确地向它的交感神经系统发出刺激结束的信号，它的身体很快又回到“正常模式”或者说“节能模式”。但人在应激反应之后，事情却远没有如此简单。

人的应激反应会被延续

在明知威胁不再、危险解除之后，我们的惊惧和焦虑都会延续下去一段时间。例如，失眠是应激反应被延续的典型表现之一。你会告诉自己说，必须尽早入睡，以免影响明天正常工作。在激励自己的同时，新的担心又出现了：如果今夜再失眠的话，明天的工作可能无法完成，会严重影响今年的业绩，老板很生气，后果很严重。你什么环节都没忘，偏偏忘了：睡不着的真正原因，恰恰是对睡不着的担心。

应激反应会被提前预支

预见未来可以使我们做到未雨绸缪、防患于未然，却同时也会造成我们无休无止的焦虑。预见未来产生的焦虑，可以说是应激反应被我们提前大量预支。

大脑是根据记忆基础意象和感官基础意象这两个标准解读感觉的，我们在生命历程中的重要事件，都被不同程度地保留在记忆中。人的观念也在很大程度上根植于生活经历和对这些经历的选择性记忆或选择性遗忘。这些记忆发展成为某些技能，精确地在大脑中形成神经回路。“一朝被蛇咬，十年怕井绳”，就是应激反应被提前预支的结果，虽然这是一种错误的应激反应。

每一次应激反应之后，都可能积累新的经验，这些经验会促使我们预支原本属于未来某一时刻才会出现的应激反应，成为对未来的不确定性的担忧。应激反应被提前预支时，焦虑也如影随形。

预支应激反应的范围会被扩大

我们常常会将从一件未来可能发生的事情中预支的应激反应，扩大到其他事情上去。

例如，明天要见面的客户很难缠，因为事先他就提出“你的这款产品必须给我们提供长达三年的试用期”的要求，这样，你提前预演了一遍与客户产生不愉快对话时的各种应激反应。紧接着，焦虑开始静悄悄地介入：一旦不能成交，你将受到顶头上司的严厉指责，销售业绩也将大受影响，还可能因此离开这家公司。然而，你在这家公司已经工作了三年，离开这里将使你失去很多好朋友，你的妻子对你也将非常失望……

一项被预支的应激反应，不知不觉间范围被无限扩大了。

前景具有不确定性的一件事，足以令我们心焦如焚。我们因此会不自觉地、接二连三地虚构出与此有关甚至无关的威胁，使我们提前预支的应激反应越来越强烈，焦虑的雪球越滚越大。

应激反应内倾化，成为持久的焦虑

如果你对任何攻击、威胁都作出即时性的应激反应，那么你还停留在低等动物都达到的 fight or flight（斗或逃）水平上。如果你将那么多的威胁、攻击都带回去自己慢慢消化，这些没有及时消化掉的情绪，就会在你身上积蓄，生长成折磨自己的焦虑之树。

《庄子·齐物论》对这种因应激反应内倾化累积而成的焦虑有经典的描述：

> 大知闲闲，小知间间；大言炎炎，小言詹詹。其寐也魂交，其觉也形开，与接为搆，日以心斗。缦者，窖者，密者。小恐惴惴，大恐缦缦。其发若机栝，其司是非之谓也；其留如诅盟，其守胜之谓也。其杀若秋冬，以言其日消也；其溺之所为之，不可使复之也；其厌也如缄，以言其老洫也；近死之心，莫使复阳也。喜怒哀乐，虑叹变慹，姚佚启态。乐出虚，蒸成菌。日夜相代乎前，而莫知其所萌。已乎，已乎！旦暮得此，其所由以生乎！

这段话的大意是说，焦虑中的人，睡觉中也魂魄交荡，醒来时也形体不宁，心灵与外物相触而纠缠不清，整日钩心斗角。因为过于用心机，说话字斟句酌，出口缓慢，既担心被人抓住了什么把柄，又得尽量给对方设下圈套。小恐惧、小焦虑时，显得惴惴不安；大恐惧、大焦虑时，则失魂落魄。发为言语，如若放出利箭，专心窥伺别人的是非以伺机攻击；不说话的时候就像发过誓似的，唯有默默无语，以待制胜的机会。像这样的人，衰颓如同秋冬景物凋零，人的勃勃生机在一天天销蚀，他们沉溺在自己的所作所为当中，没有什么东西能够使他们再恢复生气；他们的心灵已经闭塞，如同受到绳索的束缚，越老越不可自拔；将死的心灵，已经没有什么东西能够使他们恢复那曾经有过的活泼的生气了。他们时而欣喜，时而愤怒，时而悲哀，时而快乐；时而忧虑，时而嗟叹，时而反复，时而恐惧，时而浮躁，时而放纵，时而张狂，时而作态，好像音乐从虚器中发出来，又像菌类由地气蒸发而成。这种情态，在人的心里日夜交织，只是，我们不知道它们到底是怎样发生的。

两千三百多年前的庄子，就已经把焦虑描述得如此生动、如此专业。由此揣测，庄子生活的时代，也许是中国历史上发生大焦虑的时代。

压力感与压力源

压力感的生理表现

一个人意识到某些情景对他具有潜在威胁时发生的心理上和生理上的反应，就会进入一种“战备状态”，这种状态叫做压力。

之所以如此，是因为人体的有一种叫荷尔蒙的物质。荷尔蒙就是我们常说的“激素”，英文叫 Hormone，意思是 to set in motion，英文中有“调动某物”“使某物运转”的含义。人体内上百万亿个细胞，正是在“使某物运转”荷尔蒙的指挥和帮助下，才得以统一行动的。

荷尔蒙在血液里不停地流动，一旦到达目的地，就附在目标细胞的表面，刺激其发挥特殊的功能。人体主要的荷尔蒙，有掌控身体成长发育的生长荷尔蒙，如果人体缺乏生长荷尔蒙，个子就长不高，这就是我们说的矮子甚至侏儒症了；还有维系身体机能活跃的甲状腺荷尔蒙，激励身体爆发力和处理紧急危机的肾上腺素。此外，如果掌控卵巢发育与功能的女性荷尔蒙分泌失调，人就会出现女性更年期的种种症状。

当人处于精神压力状态中时，大脑会分泌出肾上腺素等荷尔蒙。荷尔蒙通过血管流淌到身体的各个部分。当这些荷尔蒙流到心脏、肺部和肌肉时，一种特殊的生理反应就发生了：心脏跳动突然加快，并訇然作响，呼吸急促，全身肌肉变得紧张。

压力感就是一种紧张感。压力感像一把雕刻刀，催你迅速衰老。压力感是你体内的“秋天”，它使你的满头青丝停止生长，甚至大把脱落。

巨大压力之下，甚至会出现分散性头痛、穴位性头痛、偏头痛等症状。

压力之源

压力源又称应激源或紧张源，是对个体的适应能力进行挑战、促进个体产生压力反应的因素。压力源主要有生物性因素、物理性因素、化学性因素、生理病理性因素和心理社会性因素。我们这里要讲讲心理社会性因素。

首先，不同的社会文化状况对个人会形成不同程度的压力源。

压力与一个社会的文明程度有关。人既有自然属性，也有社会属性。自然属性，主要表现为人作为生命个体的原始欲望、情绪、情感等等；而社会属性则是人作为社会的一员活动时所表现出的有利于集体和社会发展的那些特性。一般而言，一个社会的文明程度越高，对人的社会性的要求也越高，对人的自然属性的压抑力量就越大。

其次，压力来自生存状态的某种突然的巨大变化。

例如，金钱压力——顾名思义，就是一定数量的金钱对一个人或一个社会集团产生的心理压力。一个人突然拥有的金钱和他的心理成长不同步的话，金钱必定会对他的心理带来一定的压力，这些压力会表现在他的消费行为、消费心理上；严重的金钱压力，甚至能改变一个人的心理结构。当经济和社会的发展不同步的时候，很可能造就许多被金钱压力压垮的人。

再比如“中巨奖效应”。我们曾经见到这样一些报道：一对生活了很多年的夫妻，或几个关系处得非常好的朋友，由于其中一方中了巨奖，他们原先的家庭关系或社会关系分崩离析——这种现象不是偶然的，其中就有“中巨奖效应”作祟。

再次，压力源常常来自所在的组织、家庭和某些社会团体。

时间紧张、工作量过大、绩效目标过高，这些要求共同产生的张力，就是一种压力。让一个人承担超出其自身能力的责任，就会给其压力感。

有些人的压力来自所处组织中不良的人际关系。其成因不外乎三个方面：一是自身的情商、作风、待人处世确实有问题；二是业绩、地位竞争导致的；三是一个人所处的工作环境确实非常恶劣。

一个人特定的观念、特有的利益诉求，也会和自己从事的工作发生难以调和的冲突，这种冲突也同样会成为精神压力源。

比如，消防队员、刑警、运动员之类的职业，压力要比其他职业大得多。而销售人员所承受的心理压力，就比从事一般的管理和制造工作的员工大得多。

又次，压力源来自个人的人格特征和自我评价，以及对外在事件和状况的解释。

压力与一个人的自我期许、对社会的承诺与现实之间的距离大小有关。一个自我期许过高的人，也是一个精神压力特别大的人。一个对所追求的东西志在必得的人，他的心理压力是巨大的；追求爱情的过程让人甜蜜，却更让人紧张，原因正在于追求者志在必得。

压力与一个人自我效能和目标之间的距离有关。自我效能感高的人，目标即使较一般人要高得多，压力感也不明显；而自我效能感较低的人，他要实现的目标即使并不特别困难，他也会感受到沉重的压力。

压力与一个人对物质财富、名誉、成就、权力追求的强烈程度有关。高欲望的人压力感明显，低欲望的人压力感很小。而欲望的高低，取决于一个人对财富、名誉、权力的重要性解释。

最后，压力感来自被夸大了的不良暗示。

在所有的压力源中，最大的莫过于你如何自我评估压力。

有这么一个例子：一位铁路工人意外地被锁在一个冷冻车厢里。这位工人清楚地意识到：他是在冷冻车厢里，如果出不去就会冻死。不到 20 个小时，冷冻车厢打开了，这位工人死了。可是仔细检查了车厢，冷气开关并没有打开。那位工人之所以死了，是因为他确信在冷冻的情况下他必死无疑。

所以，极度悲观会致人死亡。

如果你觉得方便，不妨玩玩这样的游戏：串通三五个共同的朋友，隔三岔五地用下面这些话对另外一个朋友进行轮番规劝：

—— 你精神压力太重了，你要放松些；

—— 看开些，不要把自己绷得这么紧；

—— 确实，我们都能理解你心理压力很重；

—— 我们都承认，你活得比我们都累。

—— 你看，你又长出白头发来了，压力太大真的不好啊！

如此等等。

开始的时候，这位被试的朋友可能会说：你们真是莫名其妙！然后他会说：你们这是怎么啦？我真的没有什么太大的压力，我这不好好的吗？

你们别理他的辩解，照样郑重其事地劝他放松一些，不要把自己绷得太紧，照样对他表示理解和同情。不出三周，这位不幸被你们当作试验对象的朋友，就会认识到自己的压力确实太大了。压力，就这样无中生有却又沉甸甸地扣住他了。

美国医生做过这样一个实验：他们让患者服用一种用水和糖加上某种颜色配制的安慰剂。当患者相信药力的时候，这种完全不能治病但服用了也不会损害健康的安慰剂，竟产生了显著的治疗效果：接近 90% 的患者感到病情大大减轻，有人甚至痊愈。这就是心理暗示对于缓解压力的巨大力量。

二、更容易焦虑的人

神经质的人

神经质性是基本人格特质之一，每一个人都程度不同地有些“神经质”。每一个人的神经质水平是不相同的。神经质性主要由以下几组既有区别又有联系的不同维度构成：激动与镇静、恐惧感与安全感、紧张与松弛、忧郁与乐观、犹豫与果断、敏感与豁达、多疑与信任、害羞与从容、富于想象与想象力贫乏，等等。在这些人格的神经质性维度中，前者的得分越高，一个人越显得“神经质”。

在神经质性维度上得分越高，人就越容易焦虑。

人类身上有个与生俱来的自主神经系统，其由交感神经和副交感神经组成。让我们紧张、敏感、焦虑的，是从我们胸部、腰部脊髓侧柱发出的交感神经。交感神经可以增强我们的兴奋度，也会使我们焦虑得痛苦不堪。

高神经质的人，对人对事会比一般人有更多的担心。

有时，一些在大多数人看来完全不必太当一回事的细节，在高神经质的人眼里，往往就是某种不祥的预兆，这些预兆让他们担心得茶饭不思、夜不能寐。比如，大多数人的失眠，往往不是因为睡前服过茶、咖啡之类的兴奋剂，而是因为担心些什么。对今晚睡不着的担心，成了彻夜难眠的原因。

高神经质的人比其他人更容易产生恐惧感，他们更容易对外界的刺激作出惊恐的反应。

比如，当某个陌生人朝着他逼近的时候，他比其他人更容易将这个陌生人越走越近的动作，解读为不怀好意的、正是冲着他来的。

高神经质的人特别容易紧张。

比如，一群在站台边等待地铁的人，进站的地铁明明并不特别拥挤，他也明明知道每一班次的地铁有足够的时间供乘客上下车，但高神经质的人仍然会担心自己挤不上去，地铁还没进站，他就已经处在不安之中，甚至手心都冒出汗来，他会尽可能做出种种加速的动作。我们常常把这种人看作不文明、没素质，其实，他只不过是个高神经质的人罢了，跟文明和素质无多大关系。

高神经质的人比大多数人更容易激动。

这尤其表现在他们跟人辩论的时候、与人进行竞技性活动的时候。高神经质的人往往跟人没辩上几句，往往就急得面红耳赤，或语无伦次，一些自控能力较差的人甚至全身都会颤抖起来。

高神经质的人往往多愁善感。

比如，同样看一部悲情电影，有的人容易飚泪，另一些人却显得铁石心肠，什么感天动地的事似乎都难以打动他。一般而言，音乐家、诗人等，神

经质维度都偏高一些。一片落叶对一般人而言只是落叶而已，但诗人则因落叶而悲秋，因悲秋而思物恋人。风中那片无意飘飞的叶子，很可能会引爆一个艺术家无尽的灵感。

高神经质的人当然也是高度敏感的人，他们往往比一般人更多疑。

有句俗话叫“言者无意，听者有心”，讲话的人只是随口说说，既不含什么隐喻，也没有丝毫讽刺的意思，听的人却想到别的意思上去，总以为这话是针对他讲的。过分敏感，不但会使自己毫无必要地陷入焦虑，还很容易制造紧张的人际关系。

高神经质的人容易沮丧，并常常伴有睡眠不好。

具有神经质倾向的青少年，对各种刺激容易产生强烈的反应，情绪激动后又很难平静下来。神经质的人主要是情绪极不稳定，稍有点刺激，就会提心吊胆或忧心忡忡，这给他们带来许多烦恼和心理失衡。研究证明，神经质倾向是引发多种心身疾患的内因之一，焦虑症、恐惧症、疑病症等均与神经质的个性特点有关。

完美主义者

过分追求完美必定过分焦虑

“完美主义”是人格特质中神经质性水平偏高的一种表现形式，它具体表现为某种强迫症。

完美主义者过分追求完美无缺。

例如，一个负责起草领导讲话稿的秘书，对自己起草的每一篇文稿，写作前都必须研究资料的来源，写作时要求自己不出现任何错别字、不错一个标点符号，连修改使用的删除、穿插之类的符号也要求必须规范……这种对“完美无缺”的追求的结果，是他常常不能按时完成领导交办的任务。

完美主义者具有强烈的细节关注倾向。比如，有的人非得让自己的生活和工作环境保持绝对干净不可，为此，他每天都会花大把大把的时间忙于打扫、擦拭，反复如此，不厌其烦。

完美主义者比一般人有更强烈的完成欲。完成欲是指人对一件没完成的事情会一直放在心上，并因此而焦虑不安。有个德国音乐家喜欢早上睡懒觉，有一天，他的妻子为了使他早起，就故意在他床边谱一段曲子，并哼着写不下去的曲子。终于，这位音乐家从床铺上跳了起来，走到钢琴前，将妻子没完成的后半截弹了下来。这位音乐家的妻子就是利用人天生就有的“完成欲”，把音乐家从床铺上拱起来的。

每个人都有强度不同的“完成欲”，美国心理学家布鲁玛·紫格尼克做过一个实验，她给 128 个孩子布置一系列作业，让孩子们完成一部分作业，另一部分则令其中途停顿。一小时后测试结果，110 个孩子对中途停顿的作业记忆犹新。紫格尼克的结论是：人们对已完成的工作较为健忘，因为“完成欲”已经得到满足；而对未完成的工作则在脑海里萦绕不已。这就是所谓的“紫格尼克效应”。

某些未完成的事总是让完美主义者感到浑身都不对劲，产生相当强烈的焦虑，所以不论在什么情况下都非得要今日事今日毕不可。倘若跟别人一起

做事，别人不根据他的标准来做的话，他同样也会如坐针毡。

完美主义者有很强的强迫倾向。

比如，有些追求绝对完美的人，总把注意力放在与安全相关的事情上，诸如煤气开关、抽屉、门锁之类的事。这种人如果对自己的行动还有较强的控制力，他对绝对安全的要求还只是使他陷入焦虑；而一旦不能控制自己的行动，就会出现反复关煤气开关，一趟又一趟地回家检查门锁等行为。这就是我们通常所说的强迫症了。

过分自省也是一种完美主义倾向

孔子说："见贤思齐焉，见不贤而内自省也。"(《论语·里仁》) 意思是见到贤能的人，就要努力向他看齐；见到不贤能的人，就要以他为反面教材，反省自身的缺点。孔子这话，也是后世儒家修身养德的座右铭。孔子的门徒曾参的"吾日三省吾身—— 为人谋而不忠乎？与朋友交而不信乎？传不习乎？"荀子的"吾日三省乎己，则智明而行无过矣"，也是此意。

自省思想是儒家理论体系中的重要组成部分。作为一种修养方法，它要求人们不断地反省自己的言行举止，不断辨察、修正，提高自身的道德水准。古希腊哲学家苏格拉底将生命中的大部分时间用于自我检查，并鼓励他的雅典朋友们也这样做。他甚至对自己作出了这样的要求："未经自省的生命不值得存在。"

但自省不等于自责。过于自省的人在事情的处理上有完全不一样的态度：

遇上负性事件，他会认为事情起因于某些不会随着时间的流逝而改变的因素，如"我不够聪明""我的家庭背景决定了我不该跟那些有背景的人去争个高低"等等，这叫稳定型归因。

他会认为负性事件的起因主要不是外在因素，而在于自己。这种将生活和工作中的负性事件完全归咎于自己的现象，叫做内在型归因。

善于从焦虑中解脱出来的人，会将生活中的负性事件归因于某些特定的情景因素，比如，一个人在英语考试中成绩不理想，但这并不能使他对自己作出智商不高的自我评价，更不影响他在其他学科上的表现。

那些相信自己可以用各种方式来影响周围环境的人，即自信的人、具有高知觉控制感的人，面对同样的生活事件时，他们的心理压力比那些过分“自省”的人要小得多。人们对事件的看法，而不是事件本身，才是产生焦虑感的重要因素。

内向的人

人格特质包括五个方面：神经质性、外向性、经验开放性、随和性和尽责性。在不同的人格特质中，我们最容易观察得到也经常用来评价自己和他人的，是外向和内向。与神经质性水平一样，人的外向或内向，也是天生的。第一个用“外向”和“内向”这对词来描述人格特质的，是卓越的精神分析学家荣格，而第一个对“外向”和“内向”的生理心理基础作出解释的，是巴甫洛夫。

决定一个人偏于外向还是偏于内向的，是大脑皮质的生理唤醒水平。所谓唤醒，指的是个体身心随时准备对外界的刺激作出某种反应的惊觉状态。

外向的人不仅能够忍受较强烈的外部刺激，而且也需要这种较强烈的外部刺激。因此，外向的人不仅偏爱表达自己，还希望通过较多地接触外界环境，寻求和满足必要的感觉刺激。

内向的人忍受外界刺激的能力比较弱。他们只能忍受很微弱的一些外界刺激，更喜欢独处或较小范围的人际活动，更喜欢安静的环境。

外向的人非常健谈，他可以不顾别人的感受，滔滔不绝。内向的人则恰好相反。他们中的大多数人总是尽量长话短说，除非工作需要。

外向的人热情主动，很容易快速获得人们的好感，内向的人却不太容易在短时间里建立一种亲密的关系，他们是“慢热型”的人。

内向的人更容易焦虑。外向的人的注意力更容易转移，因为他们需要更多、强度更大的刺激；而内向的人经不起外界的刺激，更容易陷在一个问题、一件事情上出不来。

外向者健谈而内向者寡言，所以，前者更愿意倾诉自己的情绪，而内向者多选择掩饰自己的喜怒哀乐。

一个高度外向的人，总是乐于倾诉自己的心情，以至于可能不顾倾听者的反应和态度。

一个相当内向的人，只有在特别大的心理压力下，才偶尔可能跟自己特别信任的人简短地交流；而一个过分内向的人，哪怕是他认为自己遭遇到了严重的危机，他也决不轻易跟哪怕最亲近的人流露自己的心情。

内向者的心灵，是一座卡夫卡式的深深的城堡，这座城堡绝不对外开放。

在倾诉与掩饰这个维度上，内向的人看起来显得是那样的坚强，但是，这种坚强的代价，同样是内心严重的冲突与焦虑。

缺乏安全感的人

外界环境中的任何一种刺激，或任何一种变动，对于一个缺乏安全感的人来说，都或多或少意味着不安全。

安全感强的人具有较高的自我认同，而外界对其表现出较高的接纳力。一个人若既能认同自己，又能接纳他人，那么他就具有基本的乐观倾向，显得开朗、坚定而积极，有较高的自尊水平，能够自我接纳、自我宽容。对外界、对他人能有一种现实而积极的态度，表现出外界客体中心倾向，而不是自我中心倾向。所以，具有较强安全感的人总是更容易与人相处、被人喜欢，更容易从别人那里感受到温暖与热情，从某些群体中找到归属感。

缺乏安全感的人由于经常感受到或明确或不明确的某种威胁，因此外界、他人在他的眼里是危险的、不能信任的。这种人不知道别人的态度是他对别人态度的一种反应、一种反弹、一种回报，而认为这是自己态度的确证，即产生了自证效应。

缺乏安全感的人在行为上表现出各种神经质倾向以及自我中心、自卫倾向。不安全感强烈的人隐藏着的这些强烈的自卑和敌对情绪，是他比一般人更容易陷入焦虑的原因之一。

5 成就动机过于强烈的人

成就动机就是一个人要完成某项任务的愿望。一般来说，成就动机越强烈，积极性就越高，效率也越佳。

在一项研究中，心理学家通过实验验证了两种现象：一是高成就动机、高测验焦虑分数的学生，总是在很短的时间内完成了学习任务，很少出错，并获得了比其他学生更多的记忆分数。二是在学习与快速操作相结合的测验中，高测验焦虑分数、高成就动机的学生不但错误较少，而且完成速度比低测验焦虑分数的学生更快。

成就动机具有激发、指向以及维持和调节三大功能。激发功能相当于我们平常的所谓“冲动”，它是一个人行为的原动力。指向功能则使这种动力及其活动朝着预定的目标前进；维持和调节功能使自己的活动具有“可持续性”和强度。成就动机在发挥这三种功能时，始终伴随着焦虑。

冲动性焦虑不仅仅是弗洛伊德所谓本我冲动的焦虑。冲动性焦虑只有随着行动的开始，才能够得到缓解。一种冲动如果总是不能转化为行动，人就会越来越焦虑，即“限制性焦虑”。

如果焦虑始终与人的行动过程相伴随，则是“操作焦虑”。这种焦虑是由动机的维持和调节作用引起的，如果没有这种作用，操作焦虑就不会出现，行动也将无法顺利进行下去。

在行动过程中，如果有别人在场，有可能产生两种结果：一是为了给他人留下好印象而更加努力地工作，这种情况称为“印象操纵”；二是可能使自己陷入严重的焦虑。例如，你正写得很投入，却突然发现老师悄无声息地站在你旁边看着，你头脑里会突然一片空白，刚刚还文思泉涌，瞬间全部断流。

鼓励成就动机本身不是问题，问题在于一“过”字。一般情况下，动机的强度与焦虑的强度之间是正相关的关系：

缺乏成就动机，焦虑程度过低，不论是学习还是工作，都严重缺乏效率，因为人完全“不在状态”；

动机强度（也即焦虑程度）保持在中等程度时，一个人的学习和工作效率最高。

动机过分强烈，意味着焦虑程度过高，工作效率会立即下滑。

由此可见，适当的动机水平有助于维持个人对工作的兴趣和细心，减少焦虑对工作产生的不利影响。

自我中心的人

有些人对自己总显得满不在乎，他们对别人、外界的某些事反而怀着浓

厚的兴趣；而另一些人则恰好相反，他们比其他人更强烈地关注自我。关注自己躯体的、物质性自己的人，总是特别容易陷入严重的焦虑，并因为长期的精神紧张而导致健康恶化。美国跨国公司高管的退休年龄是 65 岁。《哈佛商业评论》做了一个统计，退休后的高管平均寿命竟没超过 18 个月—— 只有 66 岁半；而因种种原因继续留任的超龄高管，却生活得很好。其中一个重要原因是，退休后的人，心理能量无处投注，只好过多地投注到自己的身体上来。

人有三个“自我”：主体自我、社会自我和精神自我。肉体的自我是主体自我，它是作为物质存在的那个自己，即“我”的本身，比如“我的相貌”“我的肝脏”“我的记忆力”，等等。至于“我的地位”“我的经济实力”“外界对我的评价”之类的，则属于社会自我。这两个自我，更容易引起自己的关注。精神自我是个人内在的或主观上的存在，包括个人价值观、知识经验、能力、性格特征，等等。比如一个哲学家在思考本体论问题时，会强烈地感受到自己与整个宇宙之间的精神互动；一个书画家在进入最佳书写状态时，会感受到自己的心灵、自己的手腕、手指与手中的笔融为一体。这类精神自我范畴中发生的感受，马斯洛将它称为“高峰体验”。

过分关注社会自我的人比过分关注主体自我的人更多。人是一种社会存在，自我在社会中的位置、处境，总是比健康状况之类相对稳定的自我更容易引起焦虑。比如，一个可能会被调整到某个不那么重要岗位上去的中层领导，或一个可能有机会得到提拔的中层领导，在人事调整信息公布之前的一段时间，是一样焦虑的。这就是社会地位焦虑。

生活中，有些人总是只在乎自己的需求和愿望，却很少顾及别人的感受，他们对自尊心的防卫常常显得过度，而当他关注到别人的时候，也只是关注别人怎么看待他、怎么评价他。这些人就是我们常常所说的“自我中心”倾向者。

“自我中心”这个概念，最早是由皮亚杰提出来的，它指的是儿童在2～7岁这个年龄段上，会倾向于以自己眼睛所见到的状况类推他人所见，而不能从客观的、他人的立场和观点去认识事物。

自我中心的人在受人注目的环境中会倍感焦虑，因为他更在意别人怎么看自己。

《红楼梦》中林黛玉和刘姥姥这两个人物在初进贾府时，各有不同的感受和表现，是非常精彩的。

林黛玉这位心比天高的千金小姐，在贾府见到外祖母之前，“步步留心，时时在意，不肯轻易多说一句话，多行一步路”，心理压力不是一般的大。外祖母如何见她、见她时是什么态度，她会给外祖母会留下什么样的第一印象等，都使她“如履薄冰，如临深渊”，焦虑极了。林黛玉毫无疑问是个悲剧人物，但是，从心理学的视角看这个极具才情的女性，应该说她的痛苦、她的焦虑以及她的悲剧，其实正是由她的心高气傲、严重的自我中心倾向造成的。

而刘姥姥初进大观园时却完全是另一番景象。她完全是闹笑话来的，因为她不像林黛玉那样以自我为中心，她来讨好人，甚至故意被别人当笑料。

我们这里所讨论的，是在正常水平上易产生焦虑的自我中心人格。需要指出的是，自我中心有倾向于自恋的可能，到了极端的水平上，就是所谓的自恋型人格障碍。这种人无法把自己本能的心理力量投注到外界的客体上，而是把这种力量滞留在内部，从而形成自恋。

佛教中有个词叫“执着”，是指人们对某一事物片面孤立地理解，并固执

于事物的妄情和妄想，坚持不放，不能超脱。众生虚妄的“执着”很多，主要包括“我执”和“法执”。

简单地说，“我执”就是执着于自我的缺点，或者过于关注自己而忽略别人，从而缺乏移情能力，等等。过于“我执”的人，自控能力、自我促动能力，尤其是认识他人情绪的能力，无疑都处于很低的水平。

“法执”就是固执于外境实有，从而产生“法见”，也就是把外在的一切事物当真了：对象是“我的”。一旦成立了“我”念，对外在的万物执为“我所”，这就产生了分别心、爱憎心，符合自己心意时就产生贪心，与自己心意不符时就产生嗔恨。一旦执着于什么都是“我的”，就变得拿得起却放不下，贪婪之心也就生长了。

7 自卑的人

雅努斯（Janus）是罗马人的门神，也是罗马人的保护神。其具有前后两个面孔或四方四个面孔，象征开始。传说中，雅努斯有两副面孔：一个在前，一个在脑后；一副看着过去，一副看着未来。英语 Janurary（一月）这个单词就源于这个神的名字。

就像雅努斯门神一样，人的自卑，同样也有前后两副面孔：自我否定与病态自负。

自卑也是一种强自我感，过于强烈地感受到自己的存在。自卑的人总是更多地感到自己不如他人，且总是提前使自己处于严重的焦虑之中。

首先，自卑者只有很弱的自我效能感。自我效能感就是人面对某些需要他去解决的问题、去克服的困难、去战胜的处境时，他的自我感受是乐观的、积极的，还是悲观的、消极的。

一个自卑的人，在遇到有挑战性的事件时，由于自我效能感较差，他往往倾向于放弃任何努力。一旦环境要求他必须接受这个挑战，他就会立即陷入焦虑之中。

其次，自卑的人会将低效能感上升为对自我的极低评价。他会认定自己的无能、低人一等是事实，而绝不是某种感觉。他不知道的是，这种所谓的理性评价所依据的事实，也是经过他本人剪裁过的，是他本人选择性失明的结果：他能够立即看到自己的无力、无能与无效，却怎么也看不到自己在努力的过程中实际上已经取得的某些成绩。

再次，对于外界所传递的信息，自卑的人总是倾向于接收负面的、对自己不利的那部分信息，即使全面接收了信息，他也总是对这些信息作出负性的评价。在这方面，最能说明问题的，还是那个“半杯水思维”。

美国“汽车之父”亨利·福特有一次召集公司高管开会，会开到一半，福特举起桌子上的那只被他喝掉一半水的玻璃杯问道：

“你们在杯子里看到了什么？”

一部分人回答说：“杯子里只剩下半杯水了。”

另一部分人回答说：“杯子里还有一半的水。”

前者属于倾向于接收负面信息、对任何信息都几乎下意识地立即作出负

面评价的人。

最后，自卑者的消极倾向，常常使他成为一个防卫性悲观者。他在不得不去达成某个他认为没有把握的目标时，就陷入了严重焦虑。为了摆脱焦虑，也为了维护最后一点自信，他有时候会选择自我设障，以便顺理成章地达到自我击败的目的。

阿德勒在《超越自卑》一书中，讲到一个患有偏头痛的自卑者。当这个人必须参与社交、必须与某些陌生人接触时，他的偏头痛就会准时发作。偏头痛这种老毛病，竟成了他用来逃避焦虑、使自己从社交恐惧症中摆脱出来的最有用的工具。

为了解释潜意识的动机，弗洛伊德在《日常生活的心理分析》中讲到一个因面临与女朋友约会这个难题而陷入严重焦虑的年轻人。

> 第一次，年轻人转了老半天，就是没找到约好的见面地点。等他到达的时候，女朋友以为他失约，已经回家去了。
>
> 第二次，这位年轻人到达的赴约地点没有错，却偏偏搞错了时间——他是在次日的同一时间才赴约的。
>
> 第三次，这位可爱而自卑的年轻人，居然完全忘了有约会这件事！

弗洛伊德指出，人的任何行为细节，都是有“动机”的，只是这些动机是潜意识的、他本人都觉察不到的。这个年轻人一再出错、一再遗忘的真正动机，就是拒绝见到这个女子。

与门神雅努斯一样，自卑的后一副面孔呈现的，恰好是对前一副面孔的否定。自卑的正面孔是自我否定，而反面孔呈现的却是虚荣，是被夸大了的病态自负。例如，某个对平常的琐事都感觉到无力应付的人，在另一些时候、另一些场合，却常常陶醉于自吹自擂，动辄就表现摆出一副凌驾于他人之上的狂傲。

其实，面貌完全相反的两副面孔，都只不过是同一种人格呈现的表面形象而已，这正如一个人伤心到极致的时候，他反而笑了，但那是一种比哭还难看的笑。

一个原本经常无法面对生活中日常情景的人甚至不惜以“自我击败”这种极端方式，从而达到使自己在活动上受到限制这一目的的自卑者，在另外一些时候，却表现出一般人所没有的过分自信或病态自负，这是由人的自我概念的多层次性、多面性决定的。

从纵向的时间维度上看，人的自我概念由现实自我（包括“我”的历史）和可能自我构成：

现实自我就是每个人将自己的历史一直延续到当下的自我现实，包括体质、技能、天赋、受教育程度、社会地位、财力、荣誉、成就，等等。但是，并不是人人都能够正确地看清现实自我，因为每个人都可能对现实自我进行不真实的评价。过低的评价导致自卑，过高的评价则导致不知天高地厚的自负，而只有符合实际的肯定性评价、符合实际的否定性评价，才能产生真正的自信。

可能自我则是对一个人具有重要意义的那些希望、恐惧和幻想的表征，它是现实自我朝着哪一方向改变的引导者。可能自我的形成，主要受到一个人所处的社会文化背景的影响。

一个人心中的可能自我，有两个不同的自我导向：一是建立在内在、外部诸多现实基础上，具有强大的内在动力去实现的自我，叫理想自我。另一个可能自我，却是不顾自身和外部现实，或想入非非，或建立在别人希望自

己成为什么样的人，单纯为了满足外界期待这一虚幻的基础上，这样的自我，可以叫做应该自我。

当现实自我与理想自我相互脱节，从而发生内心冲突的时候，焦虑这个幽灵就会不期而至。但是，此时的焦虑却是可爱的精灵，因为它是一个人向上的动力，它在现实自我和理想自我之间架起了一座桥梁。

而当一个人意识到他心中的应该自我永远不可能抵达目标时，现实自我与不可能实现的应该自我之间就会发生严重冲突，这时的人同样是焦虑的。然而，这种焦虑却是一个人内在的不折不扣的负能量。在这样的焦虑中，自卑的反面孔—— 虚荣、狂妄、病态自负，就暴露无遗。

8 病态自负的人

自卑与自负是两个极端，但自卑又会诡异地走向它的反面——病态自负。

例如，一位已到花甲之年的电影女演员，三十多年前曾是最耀眼夺目的大明星之一。但是，三十多年之后，她固执地坚称自己的容颜和肌肤比一般的少女都要细嫩，坚信这世界上任何一个六十岁的女人都是老女人，唯独她不是。她不是这么说说而已，除了以拍照片、在电视节目中当嘉宾的形式扮嫩，还坚决不接妈妈、姨姨之类上年纪女性的角色。

这位昔日大明星跟自然规律叫板的做作与虚假，说明了“自卑诡异地走向它的反面”的真正原因：克服因自卑而产生的焦虑，唯一的药方，是以最大限度地对自己作出肯定性评价。

这种离谱的病态自负，更多地表现为“虚荣”。虚荣不是真正的自信，而是自信极度缺乏的表现。虚荣的人并不寻求真实的自我。对于病态自负者而言，所有的地位、名望，都只能使他自傲，而没有带给他内心的安全感。

正如霍妮在《神经症与人的成长》中所指出的那样：虚荣所依赖的基础，就像纸牌屋一样不坚实，最轻微的风都可以吹倒它。这种人极易受伤，任何一种病态自负，都极易在瞬间变成羞耻感与屈辱感。这是虚荣与真实荣誉感的根本区别。

病态自负的人也是追求自我理想化的人。病态的野心驱使着他们渴望成功、荣誉、权力以及报复性胜利。

病态自负的人或者对金钱表现出狂热，或对权力和地位表现出狂热，或对荣誉表现出狂热，如果都得不到，他甚至可能会全身心地致力于成为一个伟大的圣徒。成就理想化的那个“我”，才是这类病态自负者的真正目的。

霍妮指出：“病态自负多种多样，其中，名望价值中的病态自负看起来最正常。”“名望价值中的病态自负是神经症中最不典型的。这些事情对于许多精神困扰严重的人来说和对于相对正常的人一样意义重大……然而有些人却把病态自负大量投入到这些名望价值之上，这些价值对他们而言至关重要，因此他们的生活都围着这些价值转，他们的精力都消耗在受这些价值的奴役上。”

过分依赖的人

依赖的产生

人会通过获得某些群体的认同与接纳，与这些群体保持良性的互动，从而使自己不显得孤独。失去这种互动，会使人感到自己是个不受欢迎的失败者。但是，这种求同很容易成为一种心理依赖，并成为焦虑之源。

·依赖人际圈子的特定活动

一个过分依赖他人的人，会把被朋友圈邀请参加饭局、赌局、茶局以及公共活动之类的事看得特别重要。比如他参加某些饭局，倒不见得是因为他们乐于吃吃喝喝，也不见得是因为他能在饭局中分享什么见闻和思想。这种人的内心其实是矛盾的：一方面，可能对这种应酬感到厌倦，尤其是那些酒量不大的人。另一方面，又渴望被人邀请。不被邀请，意味着他是一个被踢出局的失败者，意味着他在社会生活中已经失去了某种重要性。他需要借助这些场合来逃避因孤独而产生的焦虑，更需要在这些场合找到自己的“存在感”。如果不断地拒绝邀请，则可能不再有人邀请，这就成了一种强迫性的期待。

爱上饭局，只是对孤独的焦虑的一种伪装了的逃避形式。对饭局、麻将局之类的依赖，虽然阻止了孤独感和焦虑的威胁，但代价却是放弃个体的独立性，放弃发展自己的内在资源、力量和方向感。

·过分依赖他人的评价

过分依赖的人常常担心朋友圈中对他的负面评价。他们只有从他人对自己的看法中，才更容易找到自己的现实感觉。有的人对自我、对现实的感觉，甚至到了完全依赖他人的程度。正如罗洛·梅所说的那样，一些人就像盲人一样触摸着一连串的他人，来摸索自己的生活道路。

弗洛姆早在 20 世纪就曾指出，人们不再生活在都会权威或道德教条之下，而是生活在公众舆论等这样“匿名权威”之下，这个“权威”不是哪一个具体的个人，正是公众本身，是许多个体的集合。今天，弗洛姆所说的“匿名权威”更是无处不在、无时不在，在网络之下，你只能见到一个个 ID、昵称。

当一个人不知道该做一个怎样的自己，也不知道自己该相信什么样的行为原则时，就会产生无所适从的混乱和困惑。一个人在目标和价值观上遇到基本的困惑，比任何时候都更容易依赖社会评价，并将这种评价作为最重要的参照，作为自己走出困惑的路径和桥梁。

·过分依赖求同

现在的年轻人都喜欢标新立异，彰显“个性”，宣示“另类”，有的甚至到了十分夸张与做作的地步。但是，也有相当部分人特别害怕自己看起来跟别人“不一样”，不论是发型服饰，还是言行举止，只要发现自己“没有跟上潮流”，他们就都会感到焦虑。

以世界杯足球赛来说，许多平常并不关心足球的人，甚至许多根本就不喜欢看足球赛的人，每到世界杯赛事期间，也跟真球迷一样熬夜，因为他们担心第二天上班时与同事没有共同话题。

人们对大众传媒的依赖也是如此。现代人将大把大把的时间消磨在电视、电影、网络等大众传媒上，人们从传媒获得的信息远超过直接从人际交往中得到的。这种现象源于人们的孤独感，人们在各种传媒中试图寻找他人的认同。

弗洛姆在《逃离自由》中曾断言，现代人十分害怕自由，希望能逃离自由。同样，这一部分也很害怕有别于他人，渴望和他人保持一致。这种和其他人保持协调一致的方法，也经常被现代人用来克服分离和摆脱孤独。例如，某些并无真正信仰的人上教堂聚会，等等。这一切，缘于人们不愿意被孤立，缘于人们的归属需求，即缘于缓释自己的社会性焦虑需要。

过分依赖者的社会情境焦虑

一个过分依赖他人认同、他人评价的人，一旦处于某种社会性情境之中，他的焦虑比其他人要严重得多。

怯场就是一个人处于社会情境中时产生的严重焦虑。怯场的心理原因，其实就是希望自己表现得比平常更完美，即希望得到广泛的认同、更多的赞誉，等等。因为渴望追求完美，以致不能发挥正常水平甚至洋相百出。

例如，一个口若悬河的人，为了使自己的演讲更精彩，之前进行了各种准备。遗憾的是，由于紧张，当真的轮到他的时候，他会把那些准备好的最精彩的话全漏了，甚至他的头脑会突然“短路”，始终想不起接下来要讲什么。

这种因自己进入了一个被众多的人、被强于自己的人评价的情景中所产生的焦虑，就是所谓的社会情景焦虑。

这种焦虑感，有的人非常强，有的人就很弱，这既取决于一个人自身具有多大的依赖性，也取决于某一特定情境对这个人的重要性。

在本书“自我中心的人”一节中，我曾经从“以自我为中心”与“外在事物为中心”的角度解读过同样是初进大观园的两个人。这里，我们从“是否依赖他人评价”的角度，对林黛玉焦虑和刘姥姥两个人物形象再次解读：

林黛玉是一个心比天高的千金小姐，第一次来到贾府，是因为穷途末路投奔亲戚去的，所以林黛玉在这一情景中，心理压力不是一般的大。外祖母如何见她，见她时是什么态度，特别是她给外祖母会留下什么样的“第一印象”，对她来说至关重要。正因为如此，她紧张得“步步留心，时时在意，不肯轻易多说一句话，多行一步路”。只是书香门第的良好家教，才使得她的行为和言语显得恰到好处。

刘姥姥进大观园，她干脆潇潇洒洒闹下一连串的笑话。她一进来，便大叫大嚷，这也好奇，那也好奇，见到啥新鲜玩意儿，都恨不得占一点小便宜。这位没文化的刘姥姥，说话办事很不注意场合，很不注意影响，更不注意自己的形象。刘姥姥对大观园这样的环境没有表现出任何不自在，因为她根本没把别人怎么看她当一回事。

展示自己优秀一面的渴望越强烈，就越容易怀疑自己能否做到这一点，因此焦虑感越强；一个处于高度精神压力下的人，他在行为表现上往往越不佳，给人的印象越糟粕。这就使那些既过分关注自我又过分依赖他人评价的人，陷入了一种恶性循环。

无所适从的人

不可预测，将会无所适从

即使是神经质或者特别内向的人，面对大多数日常事件，也不至于完全陷入焦虑之中。这是因为，在我们的成长过程中，大多数重复发生的日常事件是可以准确预测的。

同样，行善将受到赞美和鼓励，而所有违反社会习俗或法律规范的行为，或将使自己受到谴责，或将使自己受到处罚，这些也基本上是可以预测的。

焦虑意味着未来的不确定性，意味着未来的不可预测性。凭借自己的日常经验就可以立即作出准确预测的事情，一个人不论具有怎样严重的“焦虑人格”，他都不可能为这些事焦虑。

人生活在这个世界上，注定要接受各种外界事物的刺激。我们只有学会理解这些刺激，才可能理解我们所生活在其中的这个世界，理解自己，以及身边其他人的所作所为，并预料接下来会发生什么。如果我们完全没有这种预测能力，我们对任何事就会表现出无所适从。这样一个无法被理解、被预测的世界，是一个不确定的世界，是一个令我们时时感到不安、焦虑、惊惧的世界。

可预测的结果，可能导致恐惧，但不会导致焦虑

我们会因为自己的某种行为一再受到鼓励、得到好处，而不断强化这种行为。比如，因为诚实而受到赞美，我们在之后的言语、行为方面就会表现出诚实。相反，如果因为撒谎而得到奖励，今后我们会选择继续撒谎。不论是诚实还是撒谎，只要紧随其后的奖励与自己的某种行为有直接的因果关系，我们往往就都会继续这种行为。

如果我们因为自己的某种行为一再受到惩罚，我们肯定会尽量避免做类似的事。一个孩子因为撒谎而受到老师的批评，又因为撒谎而受到同学的嘲笑，这个孩子在心里就会建立起一条“撒谎—惩罚”的因果链，那么他将选择做个诚实的人。

在心理学上，前者叫强化，后者叫惩罚。强化与惩罚之所以可能，是因为后果是明确的。

一个孩子由于在学校里常常受到老师的批评，还常常受到小朋友的欺负，他可能会变得一想到上学就害怕。下面是一个真实的案例。

> 自上学以来，我数学成绩一直不好。虽然我选择了读文科，但因为数学是必考的学科，我仍然很努力地学习数学，并在高二上学期时一次半期考中，取得了全班第三名的成绩。但是，数学老师决不相信这个成绩是我自己取得的。公布成绩之后，教学老师站在讲台上对我说：“你考试的时候一定抄袭了其他同学的卷子，不然，你就是这个！”随即，他用手指头做成一个圈，表示零分。这个手指做成的圈还被他晃来转去地展示，引得全班同学哄堂大笑。这之后，我一见数学课本，一听说要上数学课，就立即想到自己在班上所受

的羞辱。在高考前的最后一个学年，我再也无法面对任何一道数学题，哪怕面对数学课本。

这就是所谓的“学校恐惧症”(或叫“教室恐惧症”),“学校恐惧症”是一种损害孩子心理健康、不公正的惩罚结果，这个“惩罚”结果是一个孩子可以预期的，使孩子害怕，但不会让孩子无所适从——他会毫不犹豫地选择离学校或老师远点儿。不论是因为受到鼓励而得到强化，还是因为受到惩罚而放弃，只要行为与导致的结果有一个明晰的因果链，一个人就都不会感到无所适，更不会陷入焦虑之中。

转：逃避焦虑的条条岔道

“惹不起，难道我还躲不起吗？”我们常常这样说。逃避固然是挣脱焦虑、避免直接面对未来威胁最低成本的手段，但毕竟不是最有效的手段。“躲得过初一，躲不过十五”，该来的还是会来，不依你的意志为转移，不因你的逃跑速度太快而放过你。

把欲望关进笼子

弹压欲念有速效，无长效

英国历史学家阿克顿勋爵在他的经典名著《自由与权力》中，曾经写下“权力使人腐败，绝对的权力倾向于绝对的腐败”的经典名言。如今，“把权力关进笼子里”在中国也成了一句政治名言。这些经典名言，其实是基于“人性是恶的”这一基本假设。“笼子”是用来禁止被囚之物的随心所欲的。如果权力的随心所欲不会导致恶行，那将它关进笼子干什么？

笼子可以让权力的拥有者不能随心所欲，但欲望却是制度的笼子关不住的。比如，现行法律可以禁止一个男人妻妾成群，但无法禁止这个男人关于妻妾成群的想入非非。既被禁止，又忍不住想入非非，这就成为一种对己对人都非常危险的心念。得不到，则因欲念太甚而痛苦难忍；到手了，又担心受到法律制裁。这种使人痛苦的内心冲突，便是焦虑。

如果你被这样的内心冲突所折磨，你会怎么做？

绝大多数人的第一选择，是压制自己的欲念，因为压制是最为速效的办法。

发现这一点的是弗洛伊德，他把人类对付自身因欲望而导致内心严重冲突的这种强制镇压的选择，称为压抑。压抑就是把不被社会所接纳的欲念、情绪等，在其甚至尚未被自己明晰地觉察到的时候，就将它囚禁到“地窖”

里，主动地把痛苦的感受、记忆等遗忘掉。如此，就连其本人都以为自己确实从来没有过这些使自己痛苦、可能给自己带来危险的念头，从而避免因动机冲突、紧张、焦虑而形成心理压力。

压抑是最不知不觉的、最普遍的选择。初看起来，似乎也是最低成本的选择—— 社会不允许我做那些事，我不做就是了。

压抑并非面目可憎，其也具有不容否定的正面价值：

首先，人类社会建立诸如社会道德、习俗、制度、法律等，尽最大可能地“把权力关进笼子里”，都是对人的一种来自社会的外力压抑；而自觉地抑制自己的欲望，则是一种自我的内在压抑。自我感觉良好的压抑能够迅速而有效地控制住先天存在于人性中的原始冲动，从而既可以避免个人种种负面的、破坏性的冲动与社会、习俗以及法律等发生激烈的正面冲突，又能缓和因欲望的冲动而产生的个人内心的激烈冲突。

其次，压抑对于正常人格的发展，也是必不可少的。一个人的种种欲念、冲动，伴随其一生，只要生命不息，欲念就不止。假如人人都缺乏对欲念的自控力，我们所生存的这个世界，将是非常恐怖的。

在压抑之下，一切都春暖花开，天高云淡。

但是，我们忽略了另一个问题：那个被镇压下去、囚禁起来的欲望，到底被关在哪里？

在欲念的黑箱中

人类社会用来关押权力膨胀的笼子，叫制度；而一个人用来关押自己欲念的那个笼子，弗洛伊德说，叫潜意识。潜意识被看作与我们能够明确地感知、明确地思考的“意识”相对的意识领域。如果说意识是广阔海洋的表面，那么潜意识则是人心的马里亚纳海沟；如果意识是人心的地表，那么潜意识则是我们明知存在，却无法洞见的人心的地幔和地核。

潜意识还是我们的一种从来具备却总是忘了使用的能力，是一股神秘力量，即所谓“潜力”。如果潜力得到释放，那将是怎样的一幅既恐怖又壮观的情景！

借助弗洛伊德先生精神分析学的火把，我们可以进入潜意识世界，并惊讶地发现：那些被我们关押起来的欲念，既没有消失，也没有死去，它们全都在潜意识这个笼子里活蹦乱跳。如果说我们的理性是一个严厉的狱卒，那么被关押的欲念从来就不是一个安分的囚徒。相反，它一秒钟都不曾停止地在教唆、催眠人的理性和意志，哪怕是在我们已经处于深度睡眠中的时刻，它仍然像一只守夜的狗一样活跃：

它们在寻找砸碎笼子的工具，不断地敲打着用意志纺织的笼子栅栏，随时准备“越狱”—— 这就是我们为什么常常感到自己的意志有时坚如钢铁，有时却有扛不住的感觉；

它们狡猾地诱使我们做种种醒来时觉得简直是荒唐透顶的梦—— 你所有莫名其妙的梦，都是它们为你导演的；

如果这个笼子里关押的欲念过多，多到“欲满为患”，那么，自我压抑就成为一个人对付外在威胁、诱惑以及管控欲念、避免焦虑的唯一手段。这时的情况将是很不妙的，囚徒们的集体呐喊，将像美人鱼的歌声一样，使你心理失常，以致患上种种神经症、精神病，乃至身体上的种种器质性病变—— 弗洛伊德先生最常见到的，就是癔症，也就是所谓歇斯底里症。

歇斯底里症成了我们潜意识深处关押得过多、过于“身强力壮”的欲念，与我们坚定的理性和意志处于既势不两立又难分胜负时的一个出路。诸如癔症性失明，在人体的组织器官完全没有什么问题的情况下，人居然对眼前的事物会视而不见；诸如癔症性瘫痪，短暂的瘫痪可能发生在人体的任何部位，但人体的组织器官却毫无问题。

由此看来，自我压抑作为缓解内心冲突的首选手段，虽然是有效的，却未免是粗暴的，而且不是真正长久有效的。作为一种人的心理防御机制，压抑还是一种极为浪费的手段，因为人的无意识冲动虽然被压抑着，但仍然在不停地寻求种种可能的出路。

自我压抑是一把双刃剑，它在迅速地制服欲念的同时，也让我们的理性和意志失去几乎同样多的能量。

如果说自我压抑是我们所能够找到的最方便、最速效的焦虑之药，那么，它也是最危险的焦虑之药。在迅速地杀死因免疫力下降而产生的细菌之后，又使人的免疫力变得更弱，然后需要更大剂量、更高效的抗性素。如此恶性循环，永无了期。

为了一探被关进笼子里的欲念之究竟，我们必须进入潜意识的深处。我们已经知道，潜意识具有众多我们在意识层面了解得并不清晰的神秘能力。情况确实是这样的，当我们的理性和意志在搜捕和关押那些使我们陷入种种内心冲突的欲念的同时，潜意识本身也在帮助我们防御内心冲突的痛苦。潜意识的手段，其实远比我们所能想象的更为丰富多彩、更为诡异，有的将令你大跌眼镜，有的将令你叹为观止。

投射只是一种安慰剂

我是如此，别人也一定如此，而且可能更是如此。

这就是他自我辩护和自我安慰的“逻辑”。

在逻辑上走入死胡同时，心理学往往显示出它强大的解释力：“我是如此，别人也一定如此，而且可能更是如此”的现象，叫做投射机制。其实，投射是一种非常普遍的心理机制，大多数人在日常生活中都常常不自觉地认为，自己是什么样子的，别人也差不了多少。成语“以己之心，度人之腹”，说的就是这种投射机制。

投射是几乎所有人都会有的一种心理机制，历史上也有一个与投射机制有关的著名趣事：

宋代云门宗僧佛印禅师是苏东坡的方外知交。苏东坡在杭州的时候，与在圣山寺的佛印禅师最要好，两人饮酒吟诗论佛，还常常彼此开对方的玩笑。有一天，苏东坡像往常一样去拜访佛印，与佛印相对而坐，苏东坡对佛印开玩笑说：“我看见你是一堆狗屎。”佛印却微微一笑，道：“我看你是一尊金佛。”苏东坡觉得自己占了便宜，很是得意，回家以后就向妹妹提起这件事。苏小妹说：“哥哥

你错了。佛家说‘佛心自现’，你看别人是什么，就表示你看自己是什么。”

我们最容易感受和观察到的投射现象是人格投射、处境投射和行为投射。

人格投射就是相信他人的个性、偏好、能力、品行等跟自己是一样的。在一个快乐的人眼里，别人也是快乐的。一个狂热的足球迷，如果知道自己的某个同事从来不看足球赛，这位同事在他的眼里简直就是个另类。

处境投射是指相信他人的处境与自己总是相近或相似的。在处境上固执地以己度人而名留青史的人，该算晋惠帝司马衷先生。《晋书·惠帝纪》记载：

有一年各地发生大饥荒，百姓没有粮食吃，只能挖草根，食观音土，民有饥色，野有饿殍。消息迅速报到了皇宫，晋惠帝听后虽大为不解，但他相信报上来的消息的真实性，也确实很想为子民们做点什么。经过冥思苦想，可爱的司马衷先生终于对他的臣下提出了一个成为千古笑话的“解决方案”：百姓无粟米充饥，何不食肉糜？

行为投射是人格投射和处境投射的延伸和外显，就是相信他人跟自己具有相同或相近的个性以及品行，即他人处于与自己相同或相似的处境时，一定会有跟自己同样的行为。

投射的心理机制

投射机制是一种典型的自慰。其特点是借助他人作为横向比较的参照系：

我固然是坏人，但别人也好不到哪里去。

我的成绩不理想，但还有比我更糟糕的。

我偷了东西，但要是跟我一样穷，你也会偷。

这种由己推人的投射机制的负面作用是显而易见的：

首先，这种机制的前提是扭曲他人的真实形象，使自己越来越丧失对外界真实性的判断力。如果一个人对这样一种“毒药”产生依赖性，他将越来越缺乏认知能力，越来越乐于扭曲客观事实，也越来越深陷于自己的缺点与不足而不能自拔、不思上进。比如，一个有时候喜欢占他人小便宜的人，如果越来越相信别人跟他一样好占他人便宜，全无羞愧感之后，好占便宜就可能成为他的一种人格特征；一个工作业绩很差的人，如果将“总有人跟我一样差，还有人比我更差”作为他的信条，那么他就会成为一个不思进取、得过且过的人。

其次，投射机制还容易给人际关系造成负面影响。比如，自己喜欢某一事物，与别人谈论的话题，就总是离不开自己所喜欢的，而不管别人是不是感兴趣。如果别人没有反应，就很容易误认为别人故意不给面子，故意让他难堪。

投射机制如同一剂特效药，能够迅速地缓解焦虑的痛苦，但它却是一种严重的认知心理偏差，是一剂副作用比疗效大得多的廉价解药。

3 以假当真的反向言行

我们先见识一下两位可能让你百思不得其解的人物：

老王在朋友圈中最喜欢的话题，就是炫耀自己在商业上的远见以及高明的手段。但是，几乎所有认识老王的人，都知道他几次做生意的结果不是亏本，就是只赚了个吆喝，朋友们实在看不出他在这方面有什么天赋和成就。

工商局的小张在前任陈局长面前所表现出来的奉承逢迎，经常让同事们看不下去。但是，这看起来不是假的，因为即使不在陈局长面前，小张对这位老领导的赞美也同样令人肉麻，连“最崇拜”“伟大”这些词都用上了。令人大惑不解的是：小张并不是一个惯于奉承拍马之徒，虽然他在人前人后都“由衷地敬佩”这位陈局长，但其在人品上颇受诟病，甚至因此还曾经丧失过一次被提拔的机会。

在这两个人物中，最容易被我们一眼就看穿的当然是吹牛的老王：商业上的失败使他陷入严重的自卑，人对抗自卑的原始形式，就是没什么吹什么。

而小张之所以成为陈局长虔诚的“超级粉丝”，恰恰是因为陈局长曾经“挡过”小张的道。实际上，小张所表达的崇拜有多“狂热”，他对陈局长的仇恨就有多深。如果有机会，他就会加倍地报复这位前任上司。但是，他的理性告诉他：任何报复行为的后果对自己都是灾难性的。这种内心冲突，使他意识到必须将真正的情感即仇恨，压抑到潜意识深处。然而，仅仅压抑是无法使他摆脱这种焦虑的。于是，他在不知不觉中完全走向了敌意的反面：当对方的“铁杆粉丝”。

大多数人的内心深处，都会有某些为社会主流意识和观念所不能接受的冲动或欲望，如果既消灭不了这些冲动和欲望，又担心这些欲望很可能会在不经意间表现出来，那么就会产生一种心理上的策略性选择：在言语、行为上转移到反面。弗洛伊德把这种心理防御机制，叫做反向作用。

我们常常用“北辕适楚”“形左实右”这类成语来形容言行与动机恰好相反的现象。反向作用的根源存在于超我之中。事实上，超我可以看作一个反向作用的系统。它是为了保护自我不受本我的外界伤害而发展起来的。因此，反向作用是潜意识的一种伪装形式，但个人很难意识到这是伪装的。在意识层面，一个人已经感受到自己的欲望和冲动是超我和社会都不可接受的，为了避免焦虑，人们表现的行为就走向本我真实欲望的反面，从而使一个处于内心冲突中的人，至少能够看似与社会很“和谐”地生活在一起。

反向作用在生活中表现得相当普遍：一个人在自己特别爱慕的异性面前，常常显得很不自然，会做出故意回避、故意跟对方怄气等行为。

一个怀有强烈淫乱欲望的人，在他的丑闻被揭露之前，人们只知道他是一个对自己特别严厉的禁欲主义者。

而恐惧症则是反向作用的另一种典型例子，人们的恐惧正是他朝思暮想的东西。人们害怕并不是对象本身，而是渴求这个对象的愿望。这种因反向作用而引起的恐惧能防止令人可怕的愿望得以实现。

那么，这种北辕适楚、形左实右的反向作用，在言语、行为上是否具有可识别的特征？

弗洛伊德的女儿安娜，也是一位杰出的心理学家。她敏锐地观察到了反向作用在行为上的特征：

一是夸张、做作。也就是说，它的行为的主体不论自认为有多真诚，可作为旁观者，我们总能够立即明显地感受到很假。例如，有一个丈夫，心里头总是念恋着别的女人，但在日常生活中，他却过度殷勤地对待他的妻子，动不动就送她礼物，动不动就强调他忠贞不移的爱情。

二是强迫性。一个人如果运用反向作用来对抗焦虑，那就只能将感情通过其对立面表达出来。

三是一惯性。反向作用虽然在内心深处是“虚情假意”的，但其言行却又是长期一贯的。例如上述那个丈夫，他对他妻子的感情，虽然在一般人看来完全没必要在某些公开场面过分地表达，也毫无必要一再没完没了地令人起鸡皮疙瘩地夸张抒情，可他几年如一日做得不亦乐乎。

反向作用并非无用，正因为它“有用”，所以才成为人们用来反抗内心深处的威胁、抵御来自外界危险的一种选择。一个人如果害怕、仇恨另外一个人，他反倒可能对那个人特别“友善”，这不但可以使自己从焦虑中逃脱出来，还可以将自己与这个人的紧张保持在某种可控的水平上，从而避免激烈的人际矛盾和冲突。畏惧社会的人可能苛求自己严格遵守社会的传统习惯，从而避免反社会倾向外显为一种反社会的行动。

但是，这种机制将能量用于欺骗性的伪装，是非常虚假的矫饰。爱替代不了恨，因为在爱的背后，仇恨情绪依然存在。一个人一生都处于不断地歪曲事实、曲解自己的挣扎中，使本我与超我处于严重的撕裂状态中，则会导致人格分裂。

逃避只是一种本能

一个刚出道的营销人员，应约拜访一位在业界有显赫地位和知名度的客户。当来到客户办公室门前的时候，他突然变得特别紧张，心跳加快。他咽了咽并不存在的口水，做了次深呼吸，举起了手，但他最终没有伸手敲门，而是突然转身快步离去。

焦虑使他选择了逃避：躲过了自己的焦虑，也放弃了一次机会。

“温州老板跑路”是最近几年备受媒体关注的新闻。从 2010 年到 2013 年仅仅四年时间，温州就发生过几十起老板“跑路”事件，也有十多名老板因无力偿债而自杀。

温州“跑路潮”标志性事件主角之一的胡先生，面对新华社记者，坦诚吐露了自己的心迹：

每天都有一拨又一拨的债主坐在我办公室逼债，待到凌晨两三点钟都不肯走，银行又把一笔好不容易从民间借来的几千万元转贷过桥资金给收了。我束手无策陷入绝境，只好迅速脱身。那时候心里有一颗苦毒的结，不知怎么解开。

显然，胡先生选择“迅速脱身”并不是为了赖掉债务，而是解决“人快崩溃了”这个更严重的问题。什么是“人快崩溃了”？就是焦虑使他处于精神崩溃的边缘。暂时逃避，确实是胡先生摆脱这一处境的唯一选择，除此之外，恐怕就是另外十多名老板的那种选择了：自杀。选择暂时逃避，固然说明胡先生的心理不够强大，但在道义上实在没有什么可指责之处。因为他真正要逃避的，并不是他必须面对的债务，而是债权人给他制造的足以令人精神完全崩溃的焦虑感。

霍妮说，逃避事实上是一种自觉的过程，就像那些害怕潜水或登山的人避免从事这些活动一样。说得更准确一点，一个人可以自觉地意识到焦虑的存在，并有意识地避免它。

另一种逃避形式是放弃：为了避免焦虑而放弃认识某个人、放弃经历某件事、放弃获得某件物品，以及自动放弃某个机会。

例如，一个年轻人老是怀疑自己是个 HIV 病毒携带者，但他又担心被证明这是真的。当他被应聘的机构录用之后，该机构组织新员工到医院体检，他犹豫良久，最终选择了离开这个机构。

一个人发现自己对某个问题、某种现象的看法与所在群体中大多数人的看法都不一致时，他很可能由于社会群体的某些无形压力，不知不觉地放弃自己的立场，选择与这个群体中的大多数人保持一致。我们通常把这种现象称为“随大流”，社会心理学称之为从众行为。从众行为是逃避过滤的表现之一。

“惹不起，难道我还躲不起吗？”我们常常这样说。

逃避固然是挣脱焦虑、避免直接面对未来威胁最低成本的手段，但毕竟不是最有效的手段。“躲得过初一，躲不过十五”，该来的还是会来，不依你的意志为转移，不因你的逃跑速度太快而放过你。

许多时候，逃避与放弃危险，也意味着逃避与放弃了自己的个性与本真。比如，选择放弃自己的立场以适应群体中的大多数人，既避免了个人与群体发生冲突，也有效地逃避了自己的内心冲突，是一个人自处某个组织、某个群体中时非常普遍的心理现象。但是，放弃立场和观点，是以压抑个性为代价的。

逃避在近期的成本是最低廉的，但它的长远代价却是巨大的，它可能使我们失去许多机会，还可能使我们一开始就成为一个失败者。我们逃避工作压力，可能使我们失去工作。

如果说逃避只是一个人从某种已经来到他面前的威胁、尴尬中抽身脱离，从表面上看，他确实暂时脱离了威胁，那么，放弃除了避免受到威胁，还意味着他失去某种利益、荣誉等有价值的东西。

正如一个形象的比喻：泼掉脏水的同时，连同桶里的婴儿一起泼掉了。

“遗忘”背后的种种动机

遗忘是一种心理策略

如果说逃避和放弃是一个人在意识层面作出的选择，那么遗忘则是逃避的隐蔽形式。一个人要逃避什么，打算放弃什么，同时将会失去什么，是自

己能够意识得到的。而一个人以为自己遗忘了某件事或某个人，却常常将它归咎于记忆力上的原因，或者归因于其他事情的干扰。实际上，遗忘是潜意识层面的逃避。

一位前往某家大型国有企业应聘的大学毕业生，由于他有“背景”，公司人力资源部经理连续安排了三次对他进行面谈。最初两次，他都搞错了时间和地点；第三次更离谱：他居然搭错了车，转来转去，最后竟发现自己转回到了自己的住处！

在弗洛伊德看来，人在日常生活中所有的言语和行为，即使是诸如口语、笔误、遗忘之类的细节，以及其他类型的出错，都是有动机的。这个动机，在他的潜意识深处，他本人总是意识不到，即使告诉他，他也不会承认。

由一定的动机驱使引起的主动性遗忘，可以将某些痛苦或令人尴尬的记忆排除到意识之外，使人忘掉这些经历，从而保护自己。临床心理学家把这种倾向称为动机性遗忘。弗洛伊德认为，记忆系统会对让人痛苦的信息进行监控，并抑制这些信息（但信息并未消失，而会通过某些线索或者治疗重新诱发出来），从而缓解焦虑，保护个人的自我同一。

弗洛伊德的观点，很好地解释了上述故事中的现象：

那位最终戏剧性地转回到自己住处的大学毕业生，之所以不得不前往那家国有企业面试，只是因为尊重他那个很有“背景”的父亲。父命不敢违，父亲的朋友也不能得罪，而他真正的愿望，却是自己创业。

一个人在意识层面上的动机，是自己能够明白地意识得到的动机，比如上一章叙述的那位已经来到重要客户门口却选择直接逃避的销售经理，他知道自己这么做是为了什么。但言语和行为的动机如果是在潜意识的深层，就具有“自欺欺人”的性质：某些遗忘，或某些看起来似乎毫无意义，却偏偏印象极其深刻的记忆，都在掩饰或伪装我们真正的动机，它借助于歪曲知觉、记忆以及思维，或完全阻断某一心理过程，起到免于焦虑的自我保护作用。

对比一下债权人和债务人的“记忆力”，结果是令人惊讶的：不论额度是多少的一笔借款，债权人总是不但记得本金，连累年下来的利息是多少常常都记得分毫不差。而一个债务人，则常常记不住一组原本并不复杂的数字。

正如社会心理学中的一个现象：一个人只相信自己愿意相信的东西。同样，一个人只愿意记住自己愿意记住的东西，因为人的记忆力也常常取决于他的动机。记不起约会时间、找不着地址、弄不清债务的具体数目等，只是发生在我们潜意识深处的一种策略，一种逃避焦虑的心理策略。

此外，人们还常常容易遗忘先前某些受人责备的经验。这种遗忘是缺失性的，人们之所以将这些行为、经验排斥到自我系统之外，是因为这些东西一旦出现于意识之中，就会使人产生强烈的焦虑感。

人们一般会认为，遗忘是因为记忆力不够好，是被动的。但不论是精神分析心理学还是一般临床心理学都会告诉我们：遗忘是一个主动过程，许多记忆与遗忘其实是主动选择的，它是可调控的。

人们所忘记的事情与情感因素有关。比如，人会很快忘记漠不关心的事，相反，那些能引起强烈情绪反应的事情则难以被忘怀。能引起愉快等正面情绪的事情会较长久地被保留，而引起恐惧、愤怒之类负面情绪的事情则刚好相反。

从现场逃离是逃避最狼狈的方式，放弃则是逃离最懦弱的方式，而遗忘则是逃避自欺欺人的形式。

变相的遗忘：拖延与伪装

拖延、伪装是遗忘的变相形式。比如，如果一个人意识到自己身体的某处出了“状况”，他总是担心这不是一般的状况，迟迟不敢去看医生。或者，一个害怕在晚会上可能受到男生们冷落的姑娘，她可能会找出种种理由，把自己“伪装”成她本来就不喜欢社交活动。如此，“本来就不喜欢”就成为她干脆避免参加这种晚会的理由。

一个人在那些与焦虑有关的事情上拖延时间，迟迟不作出决定，或一个人装作自己本来是什么样的人，从而避免面临某个场面，大多时候是完全无意识的—— 他不知道也不承认他不去做某件该做的事，他有意拖延，或有意假装不想做。在意识层面，他认为这种忘了、不喜欢等都是真的。

遗忘、拖延、假装这些逃避方式，比起直接从现场脱身而逃，有一个明显的好处：既免于焦虑，又免于因错失机会而自责。然而，看似不付任何代价就能够得到种种明显好处的事，代价往往更大。

人的潜意识深处，正是遗忘、拖延、假装逃避等倾向自动发挥作用的地方。深入到人心的幽暗深处，我们将会看到，在轻松逃避之后，潜意识却一直处于抵制状态。霍妮指出，这样的抑制状态就是不能够去做、去感受、去思考某些事情，因为这些都会引起焦虑。这时候，我们处在一个“舒适区”中。在舒适的同时，我们也丧失了凭借自觉的努力来克服这种抑制状态的能力。这有点像

“温水煮青蛙”：把青蛙突然扔进滚水中，青蛙会猛地跳出去，从而逃脱死亡；而将青蛙放在渐渐烧热的温水中，青蛙却在舒服的温水中被煮死。

选择性忽略的神奇妙处

无选择，不关注

刚刚学会骑自行车的人，对前面可能出现的路障比较担心。当他看见前面的路边有一块石头时，他就开始无数遍提醒自己：千万别撞到那石头……可是，他偏偏撞到那石头上，即便路那么阔。

不少人都知道，在攀登悬崖绝壁的时候，最糟糕的莫过于俯身朝下看了。不看，不等于危险不存在，但可以使人暂时忽略危险。

对抗严重的焦虑，选择性忽略是我们最古老、最常用，也是最有效的“常规武器”之一。它不仅可以对付眼前的、紧迫的危险，还可以用来对抗隐秘的、长久的焦虑。

世界上有这样一种人：他原本好端端的，或者本来得的只是小病，就因为某个医生误诊或夸大了他的“病情”，他真的得了这种病，这就是所谓的医源性疾病。医源性疾病其实正是心因性疾病，真正的病因是焦虑：被别人和自己夸大了的病情，给自己造成了严重的焦虑；严重的焦虑又反过来促使健康状况急剧恶化。一个人心理出了问题，他离器质性病变也就不远了。佛家说，相由心生。病也是相，相生于心；心不在焉，则相不存焉。

在日常生活中，大多数健康的人往往是那些不怎么把自己的健康状况太当一回事的人。你见过哪一个长寿老人年年做体检、天天跟人讨论吃什么药？

心理“防火墙”，一道又一道

选择性忽略还有一个功效：降低预期不利情况的严重程度。许多未发生却可能会发生的威胁，在它到来之前，想象中总是很可怕的。但是，当它真的来临时，我们反而会发现它也不过如此。

贝克莱大主教说过，往前走吧，里面的深渊并不存在。

弗洛姆指出，我们心理健康的人日常的注意力大多投注在“身外之物”上，如果一个人的注意力总是离不开自己身体的某一个部位，多半这个部位已经发生病变了。

沙利文则认为，焦虑促使个体学会控制其注意力，不去注意那些使自己失去安全感的经验和行为。如小孩子遇到陌生人时，就会别过脸去。这一过程就是选择性忽视。沙利文强调，选择性忽视的对象，既可以是现实中引起焦虑的事物，也可以是自我系统中的“非我”。

选择性忽略的积极作用，从防御方面来说，它能避免伤害自尊，使人免于焦虑；从非防御的方面来说，它能使人专注于主要任务，心无旁骛。

选择性忽略的消极作用则在于：它是一种自觉的过程，就像那些害怕潜水或登山的人避免从事这些活动一样。有些焦虑的情境对我们的成长其实是非常有益的，但选择性忽略使人不能从中受益。选择性忽略是有意识的过程。从根本上说，选择性忽略并不能使人真正摆脱焦虑情境。

事实上，逃避、忽略、遗忘、伪装、拖延是性质相同的一组防御机制的具体表现形式，忽略与遗忘正是一个连续过程中紧密联系的两个阶段，是一根链条上的两个环：

当你选择直接逃避时，你能够清楚地意识到自己的焦虑。

当你选择放弃与忽略时，意识开始减弱，但仍然可以意识到自己是焦虑的。

当你启动了遗忘、伪装、拖延这一系列心理“防火墙”时，一般来说，你是意识不到焦虑的存在的。

合理的便是心安的

葡萄酸，柠檬甜

吃不到葡萄就说葡萄酸，狐狸和我们都会。吃不到葡萄没有关系，我吃柠檬也是甜的。这只有我们人类才会。

前者称为“酸葡萄效应”，后者可以称为“甜柠檬心理”—— 别人拥有的固然不错，但我目前所拥有的，即使算不上是最好的，起码也比他们的好。

《诗经》中有一首《褰裳》的诗，描写了这么一个故事：一个女子一直等着她心仪的帅哥找她说话，可那个帅哥要么是个“木头人”，要么干脆就是不喜欢她。那性情豪放的女子急眼了，就在野外大声唱了起来：“……子不我思，岂无他人，狂童之狂也且！”（你不想我，难道像我这等美女，就没有比你更好的男人想念了吗？你小子狂什么狂嘛！）

鲁迅笔下的阿Q也是此类，他请求“吴妈我要跟你困觉”，不料吴妈大哭大嚷。阿Q还因此挨了赵秀才的一顿暴打。但没关系，阿Q说了，他还嫌吴妈的脚太大了呢！

找理由安慰自己也是一种心理防御机制，一种排解焦虑、维持心理平衡的策略，弗洛伊德将它称为合理化。上述酸葡萄效应、甜柠檬心理，都是合理化的具体形式。伊索寓言中的那只跳起来也够不到葡萄的狐狸，可能算得上是采用这一心理策略的典型。这一策略虽然“很假”“很可笑”，但比用宣泄、报复、疾病等那些具有明显破坏性的方式要好得多。

外部归因与援引前例

除了酸葡萄效应、甜柠檬心理，外部归因和援引前例也是合理化心理策略。

任何事情的发生都有原因，而原因不外乎内因和外因两种。一般来说，人们总是将业绩、成就之类好的结果归因于自己的聪明、努力，即内部归因；将失败、挫折之类坏的结果，归结于运气不好、环境恶劣、坏人干扰、难度太大等外部原因，即外部归因。

东汉王充在《论衡》中讲了个故事：

有个人在洛阳一带做官，一直希望自己能够从底层小吏晋升到显要位置，却一而再地错过机会，直到年老。有一天，他在路边散步，想到自己官运多舛，竟忘了周围环境，在路边老泪纵横。一位过路的年轻人，对这位老干部模样的人很是好奇，上前问道：

“老人家，您为什么哭泣呢？有什么需要帮助的吗？”

有时候，一个人的心里话反而更愿意跟一个陌生人说，于是他答道："年轻人，不瞒你说吧，我这人官瘾挺大的，可一生中在关键节点上几次跑官要官，全都泡了汤。现在自己已经年迈，失去机会了。"

"真是不公平！您怎么会一次都得不到晋升呢？是不是因为官场很腐败？"

"我少年时苦读，可谓文德兼备，终于进了官场。不料当时的领导却喜欢任用老年人，认为他们经验丰富。这位领导死后，新的领导又喜欢任用武士。为了适应新形势，我也改学武艺。谁知武艺刚学成，这位好武的领导偏偏又死了。现在恰逢换届，已经开始执政的这位新领导人，认为干部队伍老化过于严重，着力提拔任用年轻人。如今我已经很老了，再也没有机会了。我这一生都背透了，真是生不逢时啊！"

这就是成语"生不逢时"的典故。

"生不逢时"的外部归因，直到今天还是不少老年人解释自己"一生碌碌无为"的原因："我这一代人是真正的生不逢时。最需要营养的时候，遇到三年饥荒；上学的时候，碰上了'文革'；该参加工作的时候，又上山下乡；终于回城有了工作，偏偏提拔只认文凭；成了工厂骨干之后，遇上了下岗！你说，有哪一代人还比我们这一代人更不幸？"

外部归因就是把自己的过失或失败归因于自身以外的原因，以推卸责任，减轻内疚，这是合理化一种更为常见的形式。在我们的日常生活中，诸如上班迟到、怪塞车严重，考试失利、怪题目难度太大，销售业绩上不去、怪广告效果不好……皆属外部归因。

楚霸王项羽心理不可谓不强大，但是，像他这等"力拔山兮气盖世"的人物，

在乌江自刎的绝境中，也免不了仰天大叫：“天亡我，非用兵之罪也！”项羽的仰天长叹所暗示的道理是：一个人宁可在愧疚与焦虑中死，也不在悲愤中亡。

太阳底下没有新鲜事。学历史的人或许都有这样的感受：当下发生的任何事，几乎都可以在历史上找到先例。正因为如此，人们常常会在历史中寻找先例，以安慰自己的失败与不幸，从而逃避焦虑。

当个人的动机或行为不被社会所接受，或从事某项工作失败时，为减轻因动机冲突或失败挫折所产生的紧张和焦虑，维护个人的自尊，他总要对自己的所作所为进行“合理”的辩解，并自圆其说。虽然这些不是真正的理由和最好的理由，常常经不起推敲，但最容易为社会所接受。“合理化”的致命之处，在于它不真实，“合理化”的借口也显得特别虚伪。有一句俗语叫“提起箸子遮鼻子”，箸子比鼻子窄小，无论如何都遮不住鼻子。因此，“合理化”同样不能“解决”人的各种焦虑问题。

8 对事实与焦虑的否认

既否认事实，也否认焦虑

在某些特殊的处境中，几乎每个人都会公然“睁着眼睛说瞎话”。

例如，丈夫出了车祸后，或乘坐的飞机失联后，有人给他的妻子送去消息。妻子得悉之后的第一瞬间，一般不会立即号啕大哭或晕倒，而是竭力否定消息的真实性，并对传递这一消息的人极为愤怒："这种玩笑你也敢开！你能不能积点口德？"

其实，这个不幸的妻子断然否定信息真实性的同时，她的内心在战栗，会表现出心跳加速、窒息感、虚脱感。在等待消息被否定或被进一步证实的这一段时间，她还可能伴随有莫名其妙的烦躁不安、无端冲动，以及生理上的尿频、呕吐、腹泻。这一切，都是"明知这是真的"与"希望这不是真的"两者激烈冲突在精神、生理上的表现。

把已发生的不幸事件直接加以否认，认为它根本就没有发生过，从而逃避心理上的刺激和痛苦，这种心理防御机制叫否认。一个人在面对诸如亲人突然死亡、得悉自己患了绝症等突发事件时，首先就会采用这种"掩耳盗铃""眼不见为净"的否认策略。

这种否认并不否认事实，而是否认焦虑。其目的本来就是为了使自己的心理得到暂时的安慰，避免陷入过度的悲伤、愤怒、恐惧、焦虑等种种负性情绪。即使事实否认不了，对自己某种状况的自我否认，同样也能够达到暂时离开强度过大的负性情绪的目的。

对负性情绪的否认，其方法就是借助扭曲个体在创伤情境下的想法、情感及感觉来逃避焦虑，这种方法常常通过与其真实情绪相反的行为表现出来。例如第一次上战场的士兵，刚听到枪炮声就吓得湿了裤子。由于受到一种企图战胜恐惧的冲动的驱使，这个士兵反而要求加入敢死队，在战斗中表现出种种令人感到不可思议的超常勇敢行为。

否认焦虑也是如此。当我们害怕并且意识到自己害怕的时候，既然事实否定不了，就干脆否认自己有焦虑，这是不少人选择逃避焦虑的一种途径。

否认也有积极意义

否认并不是什么新鲜招数，它只是逃避的一种形式。直接逃避是从某个焦虑情境中抽身离去；而否认则是在无法逃离或即使逃离也改变不了事实的情况下的逃避，它是逃无可逃情境下的逃避。

视而不见，听而不闻，其目的是在心理与事实之间建立一个缓冲地带。不论是针对不幸、不利的事实，还是针对自己的焦虑情绪，否认都能够有效地暂时抵挡来自外部的突然袭击，也能够使人在面对突如其来的某些不利事件时，尽最大可能地降低恐惧、焦虑等各种负性情绪的强度，缓冲突然来临的打击，使人不致过分震惊和过度悲痛。

有时，否认还能够在焦虑情境起到维护个人自尊的作用。例如，有两个基层干部到县里参加一个会议。会后他们分别被领导叫去谈话，说组织上将要免去他们的职务。听到告知内容后，一个如痴若傻，在座位上站立不起来，需要别人将他搀扶出去。另一个却立即采用了否认的心理防卫手段："你是分管领导，又不是一把手！你说了不算！"他至少很"体面"地离开了。

否认还是人们应对"死亡焦虑"时最普遍采用的方法。例如，虽然飞机是迄今为止所有交通工具中最安全的工具，但真正说服一个人不必担心飞机失事的，却不是各类交通工具死亡率的统计数字，而是否定的心理防御机制：失联、空难这类事怎么可能发生在我身上？

然而，否认毕竟只是一种原始、简单的焦虑防御机制。正因为它原始、低级、简单，所以小孩子都会运用。例如，一个"熊孩子"在大人不在家时把某一件家具弄坏了，他会立即从出事的这个房间逃到另一个房间；如果逃不掉，他就干脆闭上眼睛。闭上眼睛这个动作就是一种否认，因为损坏的家具正迫使他陷入焦虑，他不知道大人回家后会怎么惩罚自己。

如果最原始、最简单的方式能够使人真正免于焦虑，那么人类的焦虑情绪本身未免太简单了。

此外，否认还是衍生其他更为严重病态防御机制的基础，如投射、幻觉等。因此，我们有时不得不为否认付出更多的代价。

意淫：虚构幻境的美妙旅程

意淫之“意”

“意淫”一词出自《红楼梦》中警幻仙子与贾宝玉的一段对话，意指性幻想。后来，它被用以泛指对所有得不到的东西的幻想。

而在性心理学中，意淫只是一个不带任何褒贬色彩的、描述性的词语。意淫实际上是一种最普遍的性心理现象，在人类的性生活中占据着非常重要的位置。它甚至可以理解为一种为应对不利现实环境而获得的某种心理能力。

意淫是最古老的精神自慰方式。《诗经》的《关雎》一篇，就有意淫的描写，男子对那采荇女“求之不得，寤寐思服。优哉游哉，辗转反侧”之后，就在床铺上幻想“琴瑟友之”“钟鼓乐之”。

在现实生活中，如果一个人连意淫都不会，这个人就会出问题。意淫的对象是不存在的，或是假想的，主体或主体所拥有的某种意淫工具在面对虚构的、假想的意淫对象时，会获得极大的心理满足，并有效地调节着自己的失衡心理。

意淫不是变态，更不是心理疾病，它是人类最普遍的心理补偿机制，也是维持一个人基本身心健康、防止因心理失衡而导致各类生理、心理病症的良方，或者说是一剂心理补药。

首先，意淫可以让过于紧张的心灵得到某种程度的“维护”和“修复”。

其次，意淫可以延缓、阻滞某个人因焦虑、冲动而导致的行为上的严重失控。

在某种程度上，意淫是一种思想碰撞的结果，是一种激发潜能的力量。在一些特殊的人生遭际，甚至是在随时可能死亡的绝境中，总是被人嘲笑的幻想、意淫、白日梦，会成为帮助人们战胜困厄、走出苦难的有效力量。第二次世界大战期间，犹太裔心理学家弗兰克曾在纳粹集中营关押了四年之久。他发现，能从集中营活着出来的人，几乎全是对未来有“憧憬”的人，而这与其是否年轻力壮关系不大。

少数人可能会沉溺于这些美妙的幻境，甚至坚信白日梦能够解决实际问题。在无法改变现实环境的情况下，如果到了凭借个人的想象力改变现状，把幻想当成真事的地步，那就会出现歇斯底里、夸大妄想的症状。

意淫是一种使残酷的现实变得可以容忍、使平庸的生活变得“多姿多彩”的精神活动，但同时也隐伏着某些破坏性的力量。

意淫是一种思维上的退化，不但完全无助于改变事实本身，还会使人越来越脱离现实。因为在幻想世界中，人可以不必按照现实原则与逻辑思维来处理问题，可以完全依据他的喜好和需求，天马行空，自编自导。一个人如果沉迷于服用意淫这副补药，他就会变得不思进取。

意淫之“淫”

人们读小说、看电影，有这样一个现象：越是虚幻的人物和场面，越相信这是真的；虚构得越离谱的情节，越喜欢看。这是因为，去伪求真是人的理性追求，躲进梦幻般的虚构世界，是人的心理需求。当一个人面临无法解决的问题、无法逾越的障碍时，他会选择进入一个幻想的世界，以暂时逃避痛苦、焦虑、失望等各种情绪的侵袭。爱情受挫的人，最爱看的是书往往是言情小说；有政治抱负却官场失意的人，最喜欢读的却是政治家传记。在读这些书的时候，他总是将主人公、传主幻化成为他本人。

人不会意淫已经拥有的，而会意淫自己很难得到或根本不可能得到的东西。意淫的过程，就是心理补偿的过程。

让我印象尤其深刻的，是一个高中刚刚毕业、家庭生活条件非常一般的女生。她在微博里由衷地评论了某一女生享受奢侈品的场面，说是“太真实了！赞！”虽然她活到十九岁一次都没碰过这些奢侈品。

这种怪异的现象，到底是怎么回事？是如今的年轻人出了问题么？

答案是否定的。

20 世纪五六十年代，美国的社会心理学家就发现：几乎所有津津有味、不厌其烦地描写顶级奢侈品、凯迪拉克大轿车、城郊别墅甚至私人飞机之类的小说，都容易成为最畅销的小说，而当时的美国虽然经济处于高速发展时期，但是对于大多数美国劳工阶层而言，城郊别墅、顶级奢侈品都只是传说。但这并不影响这些杂志、小说的畅销，那个时代的美国人，正在做着雄心勃勃的“美国梦”。可见，意淫是一种跨文化心理现象。

人们当然绝不止于对穷奢极欲的生活的强烈意淫，事实上，人们的意淫对象可以是一切希望拥有却极难获得的东西，诸如苦恋的对象、无望达到的社会地位、不可能拥有的超常能力，等等。

早在三十年前，中国第一部功夫片《少林寺》，虽然由于物价的原因，并

没有创下过亿的票房纪录，但当时年轻人对它入痴入迷。《少林寺》是一个模式化的复仇故事，当时观众对这部电影几乎到了狂热的地步，哪怕看上十八遍也不会产生“审美疲劳”。

对《少林寺》的狂热是当时人们对于御敌防身、打抱不平的意淫。20 世纪八十年代初期，“文革”刚刚结束不久，法制极不健全，社会上一度暴力横行。当正义不能在制度设计中得到伸张时，人们就自然寄托于高人和神技，或者希望自己能够练就一身不可思议的功夫。

武侠小说也是当时最畅销的种类之一，有些人读武侠小说，主要是对它的故事情节、人物性格等感兴趣。但武侠小说长盛不衰的心理学原因，却是武侠小说提供了既具备超人的对他人的伤害能力，又具备完美道德品质的侠客。

文学作品一个重要的阅读心理机制是“代入”，也就是在阅读过程中，读者不知不觉地将自己当作书中的主人公。

10 自卑焦虑的补偿机制

自我补偿与外在补偿

从一个人的偏好上我们很容易发现其补偿心理：他偏好什么、突出强调自己的某一身份，往往都是由于这个人长期渴望拥有它，或在拥有它之后，又在潜意识中对可能失去而深感焦虑。

个人所追求的目标、理想受挫，或因自己生理缺陷、行为过失而遭到失败时，选择其他能获得成功的活动来代替，借以弥补因失败而丧失的自尊与自信，减少自卑，逃避焦虑，这就是补偿作用。补偿也有叫代偿的，说法略有不同，意思一样。“失之东隅，收之桑榆”，说的就是这个意思。补偿或代偿机制，最初是在生理学上意义上说的：一个盲人，往往听力会变得特别发达；一个失去双手的人，可能会不可思议地发展出用脚趾头画画的本事。前一个是不自觉的、自然而然的过程，而后一种情况是有意识地培养出来的。

这类补偿方式，我们称之为自我补偿。

另一种补偿方式则是施之于他人的外在补偿。例如，一个独身女子通过教书来补偿其未曾满足过的母爱之心。

最常见的外在补偿，就是我们熟知的所谓“嫉妒”：我不行，我要让你更不行！从犯罪心理学的角度看，所有的报复行为都可以归入通过某个人的被伤害、某种外在情况朝着坏的方向变化，实现主体的心理补偿的动机。

在日常生活中，一个自卑的人通过外在补偿来克服自卑和焦虑，其实是非常普遍的行为，这样的行为，往往是当事人自己未能意识得到的：

一位独身的中年作家田先生去看望一位农民老友。刚让座寒暄完毕，农民老友的儿子小赵就光着膀子、带着酒气来到客厅，一见面就问道：“先生，你结婚了没有？”小赵明明知道老田独身。得到否定的回答之后，小赵继续追问：“那你怎么不结婚呢？”直到他父亲叫他“滚出去”，小赵才停止追问并离开。农民老友告知田先生，小赵多年酗酒，已经慢性酒精中毒，导致他的妻子带着孩子干脆离开了他。这么多年来，他实际上就是个“有老婆的单身汉”。田先生这才明白老友儿子一再纠缠他“不结婚”这个话题的原因。

上例中，小赵追问“你怎么就不结婚”的时候，并不是对田先生本人有任何恶意。此时，他自己并未意识到的一个潜意识动机是：你看，还有比我更糟糕的人、更不正常的人。这种在现场对比中所明显呈现出来的暂时优越感，在一定程度上补偿了小赵平常明显意识到的或隐隐约约使自己处于焦虑状态的失败感。

因自卑而导致焦虑的人，最容易倾向于补偿机制，这也是生活中所谓“失败者”最渴求补偿的原因。从世俗的意义上说，“失败者”指的是在生活圈（如同学圈、战友圈、同事圈、朋友圈、生意伙伴圈、老乡等）中，在政治地位、经济实力、社会声望、职业成就这四个方面却低于圈内人一般水平的那些人。

一个人只要在上述某一方面能够高于圈子内一般人的水平，他也就具有较高的自尊水平（对自我的正面的、肯定性的评价）。如果地位、财力、声望、成就这四个方面都较低，一个人的自尊水平也就较低。自尊水平较低，心理就会不平衡。恢复自尊水平有一个几乎是全自动的心理机制，那就是心理补偿。

补偿从未真正满足过一个人

弗洛伊德指出，一个人总是力图在替代性对象中去寻找他最初需求的、缺失的对象。如果他在替代对象中不能得到满足，他便会继续寻找，或者不得不接受仅次于最好选择的替代物。当一个人接受某种替代时，我们就说这是对他最初目标对象的补偿。人的“性格结构”含有大量的这类补偿。事实上，成人的大多数兴趣爱好，都是对自己婴幼时期受到挫折的愿望的补偿。

在补偿心理的作用下，自卑感具有使人前进的反弹力。由于自卑，人们会清楚甚至过分地意识到自己的不足，这就促使其努力吸取他人之长以弥补自己之不足。

人有焦虑或心理失衡却完全得不到补偿，就会出现以下结果：

一是各种神经官能症，严重者会患某种精神疾病。

二是由各种心理问题导致生理上的器质性病变，即所谓的“心因性疾病”。

三是这个人太清醒了，清醒到连患神经官能症或其他精神病都不可能。这种情况非常不妙：不是自杀，就是杀人。

一个人到了不得不启动精神病这个自我防卫机制时，情况当然很不妙。但是，他也没那么容易说患就患，因为在这之前有心理补偿机制。足够的心理补偿能够使我们失衡的心理天平重新获得平衡。有时候，单单是寻求补偿的过程，就能使我们对自己充满自信、对生活充满希望，不但不必自杀或者杀人，而且能够迅速恢复精神状态，感觉“精神好多了”。

寻求外在补偿的人，将自身的不利、不幸作外部归因。他总觉得社会或他人得“还我一点什么”，由此会引起很多负面人际问题，甚至对他人造成危害。

希望自己留下的遗憾在孩子身上实现，将自己的紧张感和焦虑投到孩子身上去释放，是做父母的最经常寻找的外在补偿。比如，强迫孩子参加各种兴趣培训班。

而另一些人，由于自己小时候吃过太多的苦，他们可能会不顾自己的客观条件，去为孩子创造优越的物质生活条件。这种过分的溺爱和纵容，不能培养孩子的独立意识和责任意识。

外在补偿是很容易过度的心理需求。过度的外在补偿，实际上是一种精神病理现象。

有一个学理科的女大学生，对政治从来没有任何兴趣。到毕业的那一年，人们发现，她竟狂热地喜欢上了讨论政治和社会改革，逢人便谈这个国家、这个社会、这个制度，滔滔不绝，一套接一套。一跟人家争论起来，她便面红耳赤，常常声嘶力竭。

原来，这位女大学生狂热地爱上了一个男生，这个男生是个主张激进改革的民主斗士。只是，这个男生只愿意跟她谈社会改革，一说到爱情就不来电，后来出国去了。但这个女生无论如何无法割舍对那男生的感情，于是滔滔不绝谈改革思想就成了她最狂热的事。

恋物癖实际上也是一种过度补偿的表现。在一些学校、工厂宿舍等有较多女性集中生活的地方，挂在外面晾晒的内衣、内裤、乳罩甚至袜子，会被“神秘的人”偷走，这些“神秘的人”就是恋物癖症患者。

恋物癖属于冲动控制障碍的成瘾性心理疾病，很顽固，也相当难治。恋物癖，像烟瘾、毒瘾一样，是“培养”出来的，从第一次开始，到恋物成癖，仅仅需要六个月时间。

理性掌控：让焦虑更加焦虑的“毒药”

对一件未来的事，如果只有担心的理由，而没有不必担心的理由，那么这个担心就不是焦虑，而是恐惧了。

对于同样一件事，如果我们根本找不到担心的理由，或者明明有担心的理由，但由于某种非理性的信念而盲目地乐观，那么他就既没有恐惧，也没有焦虑。比如，一个表演走钢丝的人，他坚信他的表演技术是世界第一的，绝不可能发生什么意外。

同样一件可能的事，如果一个人意识到既有担心的理由，也有不必担心的理由，那么焦虑已经闪身进入人心深处了。因为这种完全相反的担心与不担心同时存在，正是焦虑。

上述三种情况中，恐惧与盲目自信这两者，显然都是“不理性”的。而只有既看到有担心的理由，又看到有不必担心的理由，才是理性的。

理性，正是人类的焦虑之源。

理性的实质在于逻辑推理，没有逻辑就没有理性。理性是超越经验的，然而，人却无法解释超出经验世界的事情，未来是能够预估的，却不能确切地经验。面对未曾发生的一切，人永远充满着疑惑和惊恐。此外，理性并不能一劳永逸地解决人的认知问题，逻辑学原则也先天地存在着自身无解的困局，比如悖论。

之所以能够“人猿相揖别”，就是因为人类的活动具有鲜明的理性精神。人类迄今为止在科学技术上的全部创造发明，都是以理性为基础的。工具理性催生了西方世界自 16 世纪以来的现代化，人类以理性的力量一再开拓自己的认知领域，不断地创造着令过去的人们不敢也无法想象的科学技术，一再挑战、征服着外部世界。但是，糟糕的是，这样的工具理性，使人类面对自身的时候，变得越来越丧失“理性”：

当我们把目光投向人类之外的世界时，却无法正确地找到自己。

在物质财富变得殷实时，我们的精神变得焦虑。

从某种意义上说，焦虑正是产生于人类的理性本身。以理性为基础的科技进步，无论如何都不能给我们带来人最需要的价值体验。我们曾经介绍过人与动物的“基本情绪”，即焦虑从来就不是人类的基本情绪，焦虑是社会化的情绪，是人类拥有理性之后的情绪。理性正是焦虑之母，是导致焦虑的情绪培养基，是导致焦虑的病毒，然而我们却试图将它当作治疗焦虑的特效药。

所以，任何试图以理性控制、驾驭焦虑的想法，都无异于饮鸩止渴。

理性哲学曾经被我们误当作拯救心灵的一剂良药，因为它告诉我们这个世界以及我们自身是什么，还教我们如何认知这个世界和我们自己。然而，它不能为我们提供任何人类所需要的生命体验、价值体验。相反，这样的价值体验，却总在我们日常生活中的细节与情境之中。比如，在冬日的阳光下，三五成群的农民蹲在自家场院里晒着暖烘烘的日头。

17 世纪以来的主流理性主义哲学，并不能真的为人们提供什么“人类问题的理性解决之道”(凯勒斯语)。可以肯定地说，在人类自身更为深刻的心灵问题上，不论是笛卡尔还是康德，都显得无能为力。这是因为，人是集思想、感觉与意志于一身的整体。人从来未曾客观地(也即完全不带任何情绪地)看待过这个世界和自身。

变幻莫测、自相矛盾而又内涵丰富的人类情绪，无法单纯地以理性主义来理解。迄今为止，人类的理性之光，仍然无法永远真正照亮人类自身情绪的黑洞。抽象思想并不能穷尽人类存在的真实，理性无法掌握生命的情感体验。理性主义哲学所追求的纯粹的客观，更是一种假象。

对于我们的心灵与生存境遇，我们充其量只能进行一种现象学的描述，而理性主义则可以说是完全的束手无策。比如，焦虑作为一种心理状态，作为一种情绪，它是不可计量的，逻辑无力掌控人类的情绪。而理性主义哲学把包括人类自己在内的所有事物，都看作可以计量的、可以用逻辑掌控的东西。因此，理性主义哲学只能损耗掉我们生命的活力。

要认清自己，我们就得朝向每一个活生生的个体，朝向个体的当下经验。当诸如焦虑、内疚、怨恨、忧郁等突显而出，成为一种灼人的负性情绪时，理性主义哲学便一筹莫展。相反，人们却从古老的宗教里，比如，从中国传统的儒学尤其是老庄哲学中，以及从克尔恺郭尔以来的非理性哲学、存在主义哲学思想中，分别汲取与焦虑抗争的思想上的资源，找到某种慰藉。

找个“火车上的陌生人”

与其憋着，不如说出来

最近这些年，发生几起男子冲进学校砍杀师生的悲剧。砍人者一般性格非常内向，单身或离异，而且朋友极少；精神生活贫乏，甚至连娱乐活动都很少参加。他们做出这种令人发指的行为，在很大程度上是因为他认为社会对他不公正，内心处于严重的冲突状态。

这种人并不是天生的罪犯。上述几项条件中的任何一项，都不至于使他

做出反社会的严重暴力行为。但所有条件一旦加诸一人，此人做出反社会行为的可能性就成倍增加了。如果他有个倾诉的对象，他可能就不会做出这样的行为。

焦虑与愤怒、悲伤一样，如果能把它说出来，那么就不会做出伤害性的行为。性格内向的人更容易焦虑，因为内向的人不愿意向他人表白自己。也正因为沟通渠道不畅，他内心的焦虑越积越多，最终以不可理喻的方式喷发出来。

前些年，一则报道说某个25岁的男子在一个广场上扯出条幅，自称性格内向，有“心理疾病”，欲寻觅知音倾诉衷肠。且不论这个年轻人的真实意图是什么，应该说，人的负性情绪确实是可以有效“转嫁”的。

借助倾诉来减缓焦虑有多种方式：

一是把焦虑说给别人听。倾诉的对象最好不是那些高高在上的、“气场”太强的人，找个平素对你很尊重的人，是最合适的。

二是把焦虑说给自己听。自言自语也行，对镜喃喃也无妨。除此之外你还可以把焦虑情绪写下来，让自己糟糕的情绪消融在随性的文字中。

三是向陌生人倾诉。“火车上的陌生人”其实是心理学上的一个说法，意思是在长途旅行中偶尔相遇的两个陌生人，很容易成为“知心朋友”。跟陌生人倾诉，自己不必担心一些“见不得光”的想法曝光，也不会增加对方的负担。正因为彼此互不相识，所以会产生一种亲密感，正所谓“最危险的地方也是最安全的”。这样的“知心朋友”是暂时的，火车到站，各奔东西，他与你的利益不会有任何交集。

倾诉也会掉进情绪陷阱

对于倾诉来说，最不妙的，就是找错了倾诉对象。

我们惶惶然心陷焦虑而不能自拔，我们会向自己平素信任的人倾诉，还会征询对方的意见。但不少倾诉者很容易将一些并不专业、也不正确的齿牙余论当作金玉良言，以致自己的焦虑进一步走向焦虑。

叔本华说：“一旦我们充分了解了他人思想的肤浅和空洞的本质、他人观点的狭隘性、他人感情的琐碎无聊、他人想法的荒谬乖张，以及他人错误的防不胜防，我们就会逐渐对他人大脑中进行的一切活动变得漠不关心……然后我们就会明白任何一个过度重视他人观点的人给了他人过高的尊严。”

他人的思想是如何肤浅和空洞并不重要，因为它不关你的事。但是，他人将某种看法灌输给你的时候，情况就不一样了。对于他人的看法，至少有两点需要我们警惕：首先，你对自己都谈不上真的“了解”，他人更是如此。他人能做的，大多只不过是依他自己的价值观或标准来执行的，这些价值观和标准不一定适合自己。其次，别人对我们的事作出评论或者提供意见的时候，绝大多数人是不需要负任何责任的。

倾诉是女性偏好的心理策略，但是，一个焦虑中的女性，如果她的倾诉对象也是一个女性，那么倾诉之后会更加焦虑。

情绪是会传染的，女性原本就比男性容易抑郁和焦虑，因此，负性情绪在女性之间更容易互相传染。焦虑的女人向另一个女人倾诉，往往聊得越多心情越糟。在心理学上，这种现象叫“共同反刍”。共同反刍跟好心情、美妙的思想的“分享”性质完全不同，后者能够维系正面的情绪和健康的人际关系。一个女人在焦虑的坑里，想通过倾诉让自己上来，结果往往不但自己上不来，反而会将倾听者拉到坑里去。

13

迷醉：独自面对的虚假狂欢

偶尔迷醉也无妨

希腊罗马宗教中有个酒神节，是为酒神巴克斯举行的节日。像其他原始仪式一样，其最初是为丰产之神举行的祭祀仪式。在节日上，50名成年男子和男孩组成的合唱队环绕狄奥尼索斯的祭坛翩翩起舞，并高唱即兴歌曲。此时，歌唱队由于受酒力的冲击而神态恍惚，渐渐地，所有的人都进入狂欢的状态，平日里积郁的情绪，在这里得到纵情释放。

酒神节上，有两尊神是特别值得注意的。一尊是大名鼎鼎的狄奥尼索斯，他是古希腊神话中的酒神，即罗马神话中的巴克斯。相传是他首创用葡萄酿酒，并把种植葡萄和采集蜂蜜的方法传播各地。另一尊是萨提罗斯神，名气不大，是古希腊神话中的森林之神。他是一个长有公羊的角、腿和尾巴的半人半兽怪物，下体垂着一个直挺挺的生殖器。

如果说狄奥尼索斯象征着情绪的激发和释放，那么，萨提罗斯则象征着原始蛮性和本能冲动的大释放。狂欢就是弗洛姆所说的紊乱状态，是一种由各种原始宗教仪式、性行为、酒精甚至药物所导致的精神恍惚状态。

在儒学为主体的文化背景下，中国并没有真正意义上的狂欢节。我们中的一些人，用烟酒等迷醉的方式来替代狂欢。

除了好奇，不少人抽烟上瘾，最初就是因为焦虑。当一个人焦虑而又必须独自面对自己的时候，香烟是最容易获得的、相对廉价的迷醉物品。

尼古丁有致人成瘾性，但对尼古丁已经有生理依赖的人来说，少数尼古丁就足够满足成瘾者生理上的需要。极大的烟瘾，事实上是一种强迫性行为，这是一种持久的、隐性的焦虑导致的强迫性行为。此外，吸烟并不能使人达到迷醉的状态，它只能使人得到稍微的安静。按照弗洛伊德的说法，一个成年人吸烟，本身就是一种退化作用。

烟状如火而性如水，酒作水状却性如火。处于明显的焦虑体验中时，真正能让人迷醉的是酒。遗忘之后，饮酒的迷醉才算真正开始：首先，泛滥在血液中的酒精，开始诱导饮酒者任意地修改、涂抹、润色清醒状态下被理性逼迫着不得不承认、不得不面对的种种事实。在继续豪饮之后酒精开始帮助饮酒者制造新的幻象，令他的快乐之事从无到有，从有到多，多到无穷无尽。这似乎是一个快乐的过程。

显然，这是一种“虚假的快乐”。迷醉者自己也很清楚：焦虑的幽灵并没有因为自己的迷醉而真的离开自己，愁与忧明日还将再来。以迷醉的方式获得的快乐是暂时的，具有依赖性与破坏性。

清醒总比迷醉好

迷醉是暂时的，因为它只是将人从痛苦的深渊中打捞出来—— 不痛的状态，不等于幸福的状态；这种对焦虑的镇痛剂式的缓释，类似于用抗生素治疗感冒：它迅速地“治好”了感冒，却使人对抗生素产生依赖，并使人的抵抗能力越来越弱。

迷醉是成瘾性的，无论是酒精、可卡因、鸦片这类药物还是暴饮暴食、网络游戏、性爱、暴力这类行为，都会使人上瘾。

迷醉还常常是破坏性的，有时甚至是毁灭性的。例如，放纵地喝酒，会成为酗酒；放纵地嗑药，会成为瘾君子；放纵地赌博，会变得一贫如洗……

慢性酒精中毒就是一种典型的心因性疾病。说得具体些，就是某种神经官能症导致对酒精的依赖；对酒精长期过度的依赖，会导致生理上的器质性病变。这种人，血液里只要没有酒精成分，就会出现种种临床症状，程度轻的，会出现狂躁、思维紊乱等现象；严重的，就会全身颤抖，甚至失忆、失语，等等。

逆叙：让自己瞬间退化成婴儿

我曾经读过一篇南美作家的短篇小说，说的是一个人因为害怕未来的种种不确定性危险，害怕衰老以及最终死亡，因而在心里顽固地拒绝长大，渴望自己能够变成少年、儿童乃至婴儿。但时间无情向前，直至将他送进了太平间。然而，就在太平间里，奇迹出现了：他复活了，主人公的愿望果真得以实现，时间开始逆向倒流，他开始了从老年向中年青年、少年、少儿的逆向人生经历。主人公最终躲进了母体，母体给了他最大的庇护。

小说的情节不能叫倒叙，因为倒叙只是将一件事从过去的某个时间节点说起，它的叙事方向仍然是从过去朝着现在、朝向未来。像这种叙事的时间流向完全倒着走的方式，类似于俗语“日头从西边出来”，所以只能叫逆叙。

这种“逆叙人生”的行为习惯，也是一种逃避焦虑的心理防卫机制，弗洛伊德将它称为退化作用。当遇到挫折、陷入焦虑时，一些人会放弃已经习得的成人处事方式和生活习惯，而用某些早期幼稚的方式，或用以应对种种困境和麻烦，或用以满足自己的欲望。

退化也是一个人很早就无师自通的心理防御机制。例如，一个五岁的男孩，突然在家里随地大小便。直到小男孩一岁多的妹妹被抱离后，小男孩的便溺习惯才恢复正常。原来，妈妈生下小妹妹后，将很多时间和精力耗在妹妹身上，他觉得备受冷落，于是开始随地大小便。这种行为，就是一个人让自己倒退到肛门期（一岁半到三岁），以表达失望、愤怒、焦虑等各种负性情绪。

成年人也有种种退化表现。

过去乡村新婚女子，第一次跟与丈夫争吵之后，常常会回到娘家，直到丈夫来赔礼道歉，才半推半就地再回夫家。实际上这也是一种退化。

现代城市女性也同样会启用退化的防御机制。例如，女人要求他的男友给她买个 LV 包，男友拒绝了她的要求，她气急败坏，突然躺到地板上打起滚来，大哭大闹。

退化作用在成年男性身上表现得更为普遍，只是成年男性的退化作用大多是被伪装过的而已。

根据弗洛伊德的理论，退化作用在人的发展过程中（口腔期、肛门期、性器期和潜伏期、生殖期）会有相应的表现。

口腔期在一岁半之前，这一阶段的原始性的需求集中在口部，婴儿靠吮吸、咀嚼、吞咽等口腔活动获得快感与满足。如果这一阶段的口腔活动受到过分限制，婴儿长大后就很可能会有负面的口腔性依赖的幼稚性退化现象。

例如，吸烟被普遍地认为是一种口腔期退化行为。香烟与乳房一样，满足的仅仅是他口腔的需求。对于一个焦虑的人来说，一支香烟，就是一只奶瓶。

肛门期在一岁半到三岁之间，幼儿会对排泄粪便产生快感经验。在这一阶段，如果父母对孩子的便溺不予管理，孩子成大后会养成肛门性格，如邋遢、浪费、混乱、放肆、残暴，等等。而管理过于严苛，则会导致肛门便秘型性格，如过分注意整洁与条理，过分关注细节，固执、吝啬，等等。

性器期在三到六岁之间，幼儿的动欲区在外生殖器。男性的阉割焦虑和女性对阴茎的嫉妒和羡慕就形成在此阶段。

精神分析理论认为，潜伏期在六到十二岁之间。这时儿童的性力受到了压抑，性力的冲动转向了融入将来的社会生活所必需的一系列活动，诸如游戏、学习、体育、艺术，等等。因此，这一阶段，人在知识、道德感、美感方面都开始得到发展。此后，性力进入青春期和成年期，直至终老。

总而言之，退化行为是人格发展上的退化，是破坏性的而非建设性的。

15 以退为进的顺从策略

顺从就是将自己交出去

人与传统观念对峙时会产生焦虑。为了摆脱焦虑，有的人会放弃自己的立场，选择顺从。例如：

一个原本抱定“高举独身主义旗帜，一生只走自己的路”的博士，在十多年的社会压力下，最后还是选择了妥协，由家人介绍一个女友，结婚了事。

一对“丁克”夫妻，由于“不孝有三，无后为大”传统观念的压力，最终生下了一孩子，向父母“交了差”。

除此之外，人们为了避免严重冲突造成的焦虑，还会普遍地选择顺从多数人。成语“三人成虎”，就是一个顺从多数人的典故：一个人进来向国王报告说，闹市上有一只老虎，被国王训斥一顿；又有一个人报告说闹市上有一只老虎，同样挨了训。当第三个人报告说闹市上有一只老虎时，尽管报告的人没有一个亲眼见到，国王也只好信了。

法国心理学家勒庞把大众称为乌合之众，因为他发现，人一旦集结成群，并共同表达某个情绪、共同采取某种行动时，每一个人都没有理性可言，而只是情绪的奴隶。此时的个体，听到有人哭，就跟着哭；听到有人骂，就跟着骂。

弗洛伊德在早年就发现了人群的这个特点：当你面对一群人做演讲的时候，如果你跟他们讲逻辑、讲道理，你肯定会被他们哄下台，你只有不断地煽动他们的情绪才是最有效的。因为，集体中的人是缺乏理性的。

当一个人陷入某种决策焦虑的时候，他就会倾向于服从权威。这个权威，可能是他的父母、老师、上级，或者某个名人，也可能是某个他平素特别敬重的朋友。

顺从的好处与代价

霍妮曾经指出，人们为了免于现实的冲突与抗争而导致的焦虑，也普遍地表现出对某些权势人物的顺从。对权威的顺从就是把自己交给权威，什么都不必去考虑，尽享舒适和满足。这种舒适与满足，就是鲁迅所谓“做稳了

奴隶”的舒适与满足。

顺从对人是颇有好处的：

有原则的顺从，或出于妥协目的的适度顺从、忍让，是人际和谐的重要基础。

顺从能够让人在焦虑尚处于萌芽状态而未能造成更大痛苦时逃逸。

此外，对传统观点的顺从，以及某些宗教仪式的顺从，可以使人免于思想上标新立异和被视为另类的焦虑。

但是，在得到这些“好处”的同时要付出代价：

为摆脱焦虑而顺从的现实代价，是使人丧失是非观，丧失责任感。

为摆脱焦虑而顺从的长远代价，是阻碍一个人成长与发展的种种可能性，包括自我实现、与他人建立有意义情感的能力。

习惯于无原则的顺从，会形成某种程度的人格僵化与压抑倾向，使自己成为一个人格贫瘠的人。

顺从有两种特殊的表现形式：一是性受虐倾向，二是“斯德哥尔摩精神症候群”。

在性心理中，受虐与施虐倾向是一枚硬币的两面，两者在逃避性焦虑、逃避现实压力上是同质的，都是在游戏的快乐中消解现实的焦虑。但一个既有趣又颇令人困惑的现象是：不论在哪一种文化背景下，倾向于受虐角色的，反而多是那些在现实生活中有权有势的人。这是因为，他们在现实生活中既有成就和地位，又雄心勃勃，总是扮演着权威的角色。同时，他们有更多、更强烈的焦虑，他们需要通过某种游戏的形式将自己“交出去”，充当一个完全顺从的角色，借此消解现实中的焦虑。

“斯德哥尔摩精神症候群”这个心理学术语，源于发生在 1973 年斯德哥尔摩市的一起银行抢劫案。两名罪犯在抢劫了银行之后，还挟持了四名银行职员。在与警方僵持了五天之后歹徒才投降。然而，在被劫持的职员中，有两人却怜悯这些歹徒，他们不但拒绝在法庭上指控他们，还为他们筹措法律辩护的资金。更有甚者，其中一名女职员还爱上了其中一个罪犯，并与他在服刑期间结为夫妻。

这件事一度使心理学家深感迷惑，他们通过长时间的研究终于发现：这种精神症候不仅在集中营中的囚犯、战俘等身上最有可能发生，甚至很有地位和钱财的人也会如此。

16 疾病是被捆绑的焦虑

我小时候在乡村生活，曾亲眼见过一件怪事。我的一个邻居，一个听说快要嫁人的年轻女子，大白天突然休克晕倒，不省人事。她的爹妈请来赤脚医生和老中医，但除了掐掐她的人中，完全束手无策。最后都认为这女子是被什么不祥之物附体了。

于是，他们请来了一个巫婆（我们本地话称“礼旨嬷”），据说她能通神鬼、念咒语、懂法术。来了之后，她一点都不着急，先向女子家里人要了一顿好吃的，再跟人家有一搭没一搭地聊了不少家常闲话。人家急了，她就说，各路神灵正在赶来的路上，还没降下来，急不得的。直到聊得她也觉得无聊了，巫婆才开始对着昏迷中的女子正襟危坐，两眼半睁半闭，口中念念有词，还动不动就突然打个很响的饱嗝，总之样子挺吓人。

所有的人都大气不敢出。神神叨叨地念诵完了后，巫婆才突然改用我们听得懂的语言说话：邪灵来自北边，这家的女子不能嫁到北边那个人家去！当巫婆说出这句谁都听得懂的“人话”时，奇迹真的出现了：昏迷一个下午的女子醒了过来！

其实，这个女子的情形就是弗洛伊德所说的歇斯底里症状。这个女子死活不愿意嫁给邻村那个男人，却又无力抗拒父母之命，因此陷入巨大的内心冲突之中。巫婆以神的名义为这女子“解除”婚约，也就从根本上解决了这个女子内心冲突的病症。

我在另一本讨论职业性格的书中曾经讲述过另一件怪事：

有一个女生连续三年参加高考，但是每到高考前一天，她一定准时感冒发烧，有时高烧到说胡话的地步。无论怎样打针服药，高考的这几天，她的高烧就是降不下来；而在高考结束的第二天，完全不需任何治疗，一切恢复正常。

精神分析学者很早就发现：当一个人不断地经验到冲突情境，却又无法在意识层面得到解决的时候，各种身体症状就必然会出现。在某个可怕的情境下，一个人会出现歇斯底里性的失明、瘫痪。生病也是解决内心冲突的重要方法之一，疾病可以使自己的世界缩小到身体的某些部位。

焦虑并不一定非得以歇斯底里的形式出现，它可能出现在任何疾病中。

美国人本主义心理学家罗洛·梅就曾指出焦虑与传染病的关系。他认为，有机体是否容易感染传染病，会受到焦虑以及其他情感的影响，比如肺结核就可能与长期的冲突情境所压抑的挫折有关，而当事人却无法直接觉察到。人陷入冲突处境，在精神上的表现就是焦虑，而在生理上的表现则是疾病，这可以说是冲突处境这枚硬币的两面。

焦虑会使身体制造过多的糖分，从而引起糖尿病。

心脏病与焦虑、恐惧、愤怒等情绪更是紧密相关，因为心脏对情绪压力比任何器官都敏感。

腹泻是人们拒斥生活环境巨大变化的表现之一。

一个人血压升高，很有可能与他被压抑的愤怒、敌意、焦虑有关。

过度焦虑、缺少自信，以及严重依赖双亲，是某些哮喘病患者独特的人格特征，哮喘成为对父母过度关心的一种反应，哮喘发作与焦虑和哭泣有关。

尿频与一个人因竞争野心而产生的焦虑有关。

癫痫症发作是被压抑的敌意大量释放的结果。

器质性病变是舒缓焦虑的消极行为模式，这一模式也是一种自动的心理过程，目的是减轻内心冲突的痛苦。比如，一个有严重神经性焦虑的人，在他感到头痛时，他的焦虑感就得到舒缓；反之，当他处于强烈的焦虑中时，头痛的感觉便会自动消失。在这里，有意识的焦虑和用来减轻焦虑的病症，是一种相互依存、此消彼长的关系。对于这种现象，心理学家解释说，这是因为疾病使他免除了责任，并保护了他的心理。焦虑以身体病症的形式自动释放了。

除了生理上的疾病，精神病是焦虑的另一条出路。

"自从得了精神病，我的精神好多了"虽然是一句冷幽默，但却是事实。精神疾病跟生理的器质性病变一样，是人的最后一道心理防御机制，是一种以疾病的方式呈现出来的自我保护机制。

精神分析学家在对神经性焦虑症患者进行"罗氏墨渍测验"时发现，某些焦虑症，会伴随着轻微的精神分裂症的某些特征。当事人的内心冲突与焦虑，大到他无法承受的程度时，精神病就发生了。

当然，以精神病作为焦虑的解决之道，其代价就不仅仅是人格贫乏，还无力调整自己的意识、情感与现实的关系，使自己的创造力完全瘫痪，这与自我实现是完全对立的。

17 水满则溢的宣泄与暴力

五花八门的宣泄

寻找目标进行情绪宣泄的人，大多知道自己"心情不好"，但大部分是在进行无意识的宣泄。

人在焦虑中，会不自觉地叹一口气。叹气是最简单的宣泄方式。

呻吟是一种不自觉、难以自控的宣泄方式。肉体痛苦固然会使人呻吟，人在心灵痛苦时，同样会不自觉地呻吟。

笑和哭也是很难自禁、自控的情绪宣泄方式。一般而言，笑是喜悦、欢快心情的流露，但人在极度痛苦、极度伤心以及绝望时，也会不哭反笑。焦虑中的人会哭，却笑不起来。

女性的宣泄是表达性与倾诉性的。

哭这种释放焦虑的方式，几乎是女人的“专利”。女人的哭哭啼啼具有情绪上的传染性，哭得太过则可能加重宣泄者自身原本已有的焦虑感，还会制造一种悲悲戚戚的氛围。

咒骂也是女人宣泄情绪的一个常规武器。女人咒骂有时没有由头，没有针对性，只要情绪上需要，就会任意发挥。我村上就有一个连续咒骂两个小时而一句不重复的女人。有一回，她清点自己的小鸡仔，发现“九只鸡仔只剩了四双半”，于是站在家门口恶毒地咒骂了一个上午。

男性的宣泄则多具破坏性与暴力性。

“有泪不轻弹”，但郁积于心的焦虑不得不排遣，暴怒、吼叫就成了一种常见的宣泄方式。另一个最常见的可能是性发泄了。作为性发泄的“升级版”，他们可能诉诸种种暴力，低强度的暴力施之于物，高强度的暴力则施之于人。男性宣泄最极端的形式，就是伤人害己，滥杀无辜。

如果说叹气、呻吟、哭笑、吼叫，都属于本能反应，那么唱歌、消耗大量体能的活动，则属于解脱焦虑之类病理性情绪有意识、更为社会化的“精致”形式。

音乐从来就是个好东西。焦虑之人，听一曲舒缓的音乐，忧愁随着旋律渐渐排解。要是能唱起来，那是更好的情绪宣泄方式了。歌唱时有节律的呼吸与运动，本身就是缓解紧张情绪的良方。

运动和劳作之所以能够使焦虑情绪得以宣泄，是因为在这个过程中需要专注，还需要大量消耗体能，使人的心理能量向外转移，从而忘却焦虑。

暴力宣泄很容易失控

辱骂、打架斗殴、自戗等等，其实都是暴力宣泄的方式，而在某些极端情况下，会出现各种人格不健全的人滥杀无辜的恶性刑事案件。

骂也是一种暴力，叫语言暴力。有的人平常温良恭顺得叫人不好意思，一旦开骂，就骂得个千山鸟飞绝，万径人踪灭。

在今天这个网络时代，有人建立了一个专门给人泄愤、骂人的 QQ 群。进入这个群，使用礼貌用语的人很快就会被踢出去。在那里，你不用知道对方是谁，只要不开心就可以随便骂人。

一些年轻人则较偏好通过打架斗殴宣泄自己的压力和紧张感。比如，一年一度的中考、高考结束后，一些学生把教科书全部撕碎，甚至三五成群地出去找茬打架，以宣泄压力。

自戗是将暴力指向自己，以宣泄心理压力。一些过于内向或体质羸弱且陷入严重焦虑的人，较容易出现自戗行为。自戗是少数人通过增加肉体的痛苦来减轻精神压力的宣泄方式，这种方式给自戗者带来的心理感受是自虐的快感：从痛苦中感到放松、刺激或兴奋。

18 替代与升华的乾坤大挪移

罗素说过一句很有意思的话：人这一辈子其实就干一件事，就是把某事物从一处移到另一处。哲人此言，我特别认同。比如，呼吸不外乎是搬进新鲜的氧气，搬出二氧化碳；著书立说不外乎是将自己的知识、经验和思想，以文字的形式搬到纸面上；而阅读则是将别人的知识和经验、感受等搬到自己的头脑中。

人还会把自己的情绪搬来搬去，把好心情跟人分享，让恶劣情绪传染给别人。把愤怒、恐惧以及焦虑等各种负性情绪从自己的内心中搬运出去，这是人的一种心理防御机制，精神分析心理学将它叫做移置作用。所谓移置作用，就是一个人如果不能实现某个欲望、得到某个对象，为了减轻因挫折、冲突导致的紧张和焦虑，他的心理能量就可能转移到其他对象身上。

在移置作用中，焦虑的释放、心理的满足并不是随着对象的改变而同等量改变的，它可能因为满足的对象不是原来的那个对象，所以焦虑只是得到部分的释放。比如，一个男子追求芳芳而不可得，就转而追求英英。那么男子在英英身上得到的就不能像他在芳芳身上得到的一样多。

与此相反的情况是，移置的对象也可能给人带来原来的对象更多的满足，使焦虑得到更彻底的释放。比如，接吻缓解了口唇紧张，同时也满足了性欲望；饮酒既减轻了嘴唇的紧张，缓解了种种社会性焦虑。

摆脱焦虑的移置主要有替代和升华这两种方式。

替代：强迫式追寻无价值的目标

一个人选择满足的替代对象，首先取决于社会是否容许，其次取决于原来对象与替代对象的相似度。为了摆脱焦虑的困扰，追寻某个没有价值的目标，就成为人们所能选择的最主要的移置方式。比如，没日没夜地搓麻将；明明很忙，但无论如何也要垂钓或下围棋。这种替代往往是无意识的。

暴饮暴食作为一种“消遣”，许多时候正是焦虑的替代。

常言道“心宽体胖”，这似乎是一种日常经验。但不少人之所以体胖，恰恰是因为他的心不宽，是因为他经常陷入挥之不去的焦虑之中。

副交感神经具体掌管着人的呼吸、消化、思考等这些最具建设性的生长功能，它能让紧张不安的身心镇静下来。有趣的是，许多时候，副交感神经系统还通过鼓励一个人吃点东西等这类具体行为来使其渐渐忘却焦虑、放松身心。

在这方面，女性的表现要比男性更为突出一些。女人比男人更喜欢吃零食，很多女生容易发胖，其实是以食物对抗焦虑的结果。胃功能与情绪状态密切相关，人的焦虑一旦舒缓下来，安全感和心理舒适感取代了焦虑之后，胃的活动很快就会恢复正常。

死囚临刑前，警察经常会给他提供诸如香烟、吃食等，而大多数死囚都乐于吸烟和这些吃食。这并不是因为他们真的还有心情满足口腹之乐，这只是为了平息他们对临刑时刻的极度焦虑而已。

有些人年年忙、月月忙、天天忙，有些人是真忙，但另一些人并不是真的有那么多非做不可的事，忙碌很可能只是他掩饰焦虑的一种方式。他们通过忙碌获得一种虚假的、暂时的活力感，认为只要他们在动，某些事情就会继续。

升华，将动机导向建设性的目标

移置作用的最高级形式，则是升华。升华是人为了摆脱焦虑和各种心灵上的痛苦，将心理能量投注到富有建设性的工作中去。弗洛伊德认为，人类创造的辉煌文明，其实都是人的原始欲望受阻后升华为科技的、艺术的创造的结果。与宣泄、追寻这些非建设性的防御机制根本不同，升华是人类对抗自身焦虑的康庄大道。

许多人因为恋爱受挫而一蹶不振，但有一个人却因为恋爱受挫而让自己蜚声文坛，也给世界文学史留下了一部经典作品，他就是《少年维特之烦恼》的作者，德国作家歌德。

对于一个男人来说，最大的羞辱和人生惨剧，恐怕莫过于受过宫刑。再强悍的男人一旦失去根器，也就丧失了任何自尊与意气。但历史上就是有这么一个人，在受过这种惨刑之后，写下了中国第一部纪传体通史。他是写下《史记》的太史公司马迁。

上述事例都是移置作用的表现之一。正是移置作用，使人在一生中可能形成或改变其复杂纷繁的兴趣爱好、价值观和态度。没有心理能量的移置和分布扩散，就不可能有人格的发展。而当移置作用的替代对象是文化领域中的较高目标，从而产生促进人类文明的各种活动时，那么这种活动就不再是毫无意义的对焦虑的逃避，而是升华了。

弗洛伊德在《文明及其不满》一书中指出："本能的升华是文化演变的特别突出的特征；正是由于升华才有可能是较高级的心智运演，使科学的、艺术的以及意识形态在文明中起到如此重要的作用。"弗洛伊德指出，人类文明之所以能不断向前发展，就在于人能够抑制原始的对象发泄作用。那些因受阻而不能直接发泄出来的能量，便转移到有益于社会的活动中或文化性的创造活动中。

在弗洛伊德看来，达·芬奇在描绘各种圣母像时所激发的热情，就是对

他早年离别的母亲的思念情绪的升华；莎士比亚的十四行诗的前 126 首所表达的“友谊”和“爱情”、柴科夫斯基音乐的某些片段，都是对渴求同性恋的热望的升华。由于他们不能在现实生活中让自己的要求得到最充分的满足，所以只好寄寓于想象性创造。

其实，一般人也有相同的升华需要，只是由于他们只能将心理能量转移到相对较为平常的事物中。只要他们的行为以及对象符合社会规范，为社会所接纳，且有利于社会和个人发展，就可以说是一种升华。

需要指出的是，升华作用并不能导致彻底的满足，因为本能的能量源泉和目的并没有真正发生改变，发生改变的只是减轻紧张的对象和手段。人身上始终存在着升华的对象所不能消除的紧张残余。正是由于这种残余的紧张，使现代社会的人依然过得神情紧张，忧心忡忡。

与焦虑共舞

光棍和和尚的价值观不同。光棍活在别人的价值观中，而出家人却有自己的价值信仰。和尚不但活得清心寡欲，还要普度众生。所以，人们会尊敬地称一个和尚为“大师”，绝不会叫他“光棍”；人们管一个光棍叫“光棍”，绝不会叫他“大师”。

一、焦虑的价值

正视焦虑的意义

焦虑是人类在社会生活中特有的情绪，只要一个人还在社会中生活，就会有焦虑。人们既不应当脆弱地让焦虑发展成为严重的神经症而无以自控，也不应该一味地想方设法逃避那些引起焦虑的事件和状况，因为逃避这一切，只是一种驼鸟政策。

一些“心理咨询师”发明了不少“心理技术”，教人们如何“缓解焦虑”，但大多时候这些“技巧”只是头痛医头、脚痛医脚。

从根本上来说，焦虑是无法克服和消除的。但是，如果我们只是有意识地制造与焦虑情绪相对立的另一种情绪，那么我们内心焦虑的力量并没有被压倒，反而多了一种或多种负性情绪。

与自己的焦虑情绪作斗争，无异于以己之矛攻己之盾。

一些人似乎从宗教教义中找到了与焦虑相对立的精神状态：情感淡漠，清心寡欲。应该说，人内心深处确实能做到这种极端情况。这种状态不论古今中外都有人在追求，道家的“清净无为”，比如禅宗六祖慧能的“菩提本无树，明镜亦非台，本来无一物，何处染尘埃”，还有更早的古希腊斯多葛派的

“不动心”，等等。

将这种境界作为心灵的一种追求，本身没什么问题。对于那些利欲熏心的人，或那些在生活中遭遇太多磨难和痛苦的人来说，这无疑是一种超然的态度和出世的追求，在维持心理平衡方面也具有积极的作用。

但是有两点值得考虑：

从日常经验上看，绝大多数自称追求“无欲”的人，并没有达到这种不真实的心灵状态，所谓“清净无为”“无求无欲”，常常被当作自欺欺人的托辞与自我安慰的宣言。从心理学意义上看，完全的淡漠与绝对的无欲，并不是人类心灵的真实状态，而是一种病态。

因此，对于凡夫俗子而言，这种境界太虚假，可望而不可即；这种境界太昂贵，人不能永存于真空中。“心理健康就是生活中没有焦虑”，这是一个错误的信念，一个自欺欺人的幻想。

焦虑常常被定义为“包含着对危险、威胁和需要特别的努力但又特别无能为力的苦恼的强烈的预期”，但是，如果我们只是片面地、简单地把焦虑看作一种“负性情绪”，那么我们就会陷入新的焦虑之中。

焦虑之为“负性”情绪，成为一种神经症，是有条件的：

一是预期中的威胁按常理是不可能出现的，或可能性无限趋向于零；

二是陷入焦虑无法自拔，即进入自我强迫与自我反强迫，致使焦虑一再呈放大趋势；

三是焦虑伴随着明显的生理反应，给健康造成了损害。

正常焦虑是你内在世界的一个舞伴，你只能臣服，抗拒和回避都于事无补。穿过焦虑，而不是绕过焦虑，对我们来说只有更小的威胁，却有更大的价值。

无焦虑：危机四伏、潜力丧尽

没有焦虑，意味着毁灭性的灾难

英国历史学家汤因比的十二卷本巨著《历史研究》，被誉为 20 世纪最伟大的历史著作。汤因比把 6000 多年的人类历史划分为 21 个成熟的文明，其中包括 5 个中途夭折或停滞的文明：波利尼西亚、爱斯基摩、游牧、斯巴达和奥斯曼。关于一种文明之所以存续、之所以衰亡，他得出了一系列具有世界影响的著名结论：一个从来未曾受过外界威胁的文明，与一个应战不敌于挑战的文明一样，都会在其生长的某一点上衰落下来。而存续下来的文明，总是具备应对威胁的能力，并成功地应对了挑战。

其实，万事万物皆然。一个国家完全没有“敌国”的威胁，是很难进步的，孟子就说过：“无敌国外患，国恒亡。”

一个企业，没有对手，就不会对产品质量精益求精；没有对手，就懒得拓展市场，提高管理效率。

一只老鼠掉进了米缸，周围白花花的粮食使它欣喜万分，自觉此生无忧。直到有一天，它发现自己离缸沿越来越远，才开始担心自己再也跳不出去。可它看到嘴边的粮食，仍然不舍离开。终于有一天，米已到了缸底，它再也出不去了。

在大多数情况下，我们每一个人都会经常感到焦虑、担忧和害怕。作为应激或危险情况下出现的一种正常反应，焦虑提高了我们应对未来危险的准备程度和应对能力。

我们对焦虑的感受，叫压力。压力感能够使人居安思危，保持应有的危机意识。在今天越来越复杂的社会环境中，我们更需要这样的危机意识。

没有焦虑，人的潜能与创造力也将丧失殆尽

赫拉克利特说："冲突既是万物之王，也是万物之父"，"和谐是由对立与紧张构成的"。因为，突破自己某些局限性的冲突，正是创造性之源。

这里说两个故事。

一个天堂般的热带岛屿

在某个热带岛上，大家过着懒散的日子，不用为吃饭穿衣发愁，那里有一种面包树，饿了可以摘几个面包果吃；在穿着上，他们只要在腰上围块布就行了。不用工作，不用学习，没有竞争者，也没有烦恼。

接下来请你做出选择：

① 放弃你的工作，离开你厌倦的都市，迁移到那里去。

② 留在有压力的城市里更好些。

选择第①项的，大约有这样几类人：一是无能之人，不知"外面的世界很精彩"，当然就没有离开自己所在世界的冲动；二是懒人；三是厌倦竞争、只想做“人生减法”的人。大多数人会做出第②种选择。因为城市虽然充满了竞争和生存压力，但也充满了机会，更能激发自己的种种潜能和创造力。这也是“北上广深”这些大城市生存代价之高，仍然有那么多年轻人非要往那里挤不可的原因之一。

渔夫与游客

一个游客来到一个岛上，看到一个渔夫正躺在沙滩上晒太阳，渔网正曝晒着，船还系着。

游客：这么好的天气，你为什么不去多捕鱼，却躺在这里晒太阳？

渔夫：我捕的鱼够吃了，我要那么多干什么？

游客：收获得多，钱就赚得多。

渔夫：我要那么多钱干什么？

游客：钱多了可以买更大的船、捕更多的鱼。

渔夫：那又怎么样？

游客：那你就可以不必自己亲自去捕鱼，只需躺着晒太阳就行了。

渔夫：那么，你以为我现在正在干什么？

渔夫最后的回答确实精彩，蕴含着许多值得深思的道理。这位毫无压力感的渔夫，如果有一天面对庞大的捕鱼船队，他是继续躺在沙滩上晒太阳，还是考虑这个游客的建议？

压力可以激发出生命的激情和创造力，没有压力感，人的激情和创造力就将趋于萎缩。

这是因为，压力本身可以使人的生命历程得以充实、灿烂而丰硕。在某种程度上说，所有的“成功者”都是焦虑者。马斯洛说：“我们已到达生物历史的这样一个时刻：我们现在要承担起我们自己进化的责任。我们已成为自我进化者。进化意味着选择，即挑选和决定性，而这意味着价值。”

3 无焦虑：人格贫瘠，生命空虚

没有焦虑意味着人格贫瘠

大约三十年前有部电影叫《创业》，主角周挺山说过一句很经典的台词：“人无压力轻飘飘，井无压力不喷油。”在那个时代，只有政治高压，没有什么业绩、出人头地这类压力，也无所谓“减压”。电影《创业》以主流意识形态的名义刻意把工作压力诗意化，号召群众克服困难努力工作，创造奇迹，赶超英美，一时还遭到批判。这话出自大庆油田的“铁人”王进喜之口，而他正是《创业》主人公的原型。

人在长期没有任何压力感的时候，会觉得自己的生存状态缺了点什么，甚至心有点慌。人在这时候心理上就会出现类似于物理学意义上的失重状态。这种失重状态，就是空虚感，也是我们常说的“没个着落”。人不可能总让自己那么漂着，一旦失重，就要主动去寻找压力感。但寻找对象不一样，结局也大相径庭。

我认识的一个高干子弟，凭借自家的背景，在某地做大生意，成为真正的有钱人。过分的富足、无边的权力，使他逐渐被无边的空虚感笼罩着。这位空虚得只剩下钱的公子哥，吸起了海洛因。吸食海洛因者的命运可想而知，后来再也没有听到他的任何消息。有无消息，已经不重要了。

焦虑使人成长和成熟，而要求自己完全无焦虑，则是一种人格贫瘠。完全无焦虑的要求，会使个人有意识地在四周筑起一道厚墙，以使自己“免于焦虑”。罗洛·梅曾收治过一位患有旷野恐惧症的求诊者，她无法走出屋外，无法开车去购物，更无法去参加演员丈夫的首映会，甚至去看心理医生也得由私人司机载着一起去。在罗洛·梅看来，正是由于她过分地希望免于焦虑，她在限制自己活动的同时，也彻底阻碍了她的自我发展。

无焦虑并非精神健康的标志。一个完全无焦虑的人绝不是个精神正常的人。正常的焦虑，是我们对危险、对价值受到威胁的务实的评估。

焦虑是促进人格整合和社会化的内在动力。没有焦虑，就只剩下空虚与忧郁。焦虑使我们保持一种心理张力，这种张力是我们生存与发展、创造与进步的保障。焦虑意味着可能性，正是可能性诱导出来的焦虑感，使我们可以获得对抗威胁、创造价值的力量。

生活不仅仅是为了使自己的紧张感得以放松，不仅仅是为了使焦虑得以缓释。时刻都想方设法缓释焦虑的，只是那些心量太小、心理承受能力太差的神经质的人，甚至是精神病人。心理健康的人，并不都急于从焦虑中挣脱出来，他们知道适度的压力感、适度的焦虑，是他们达到目标或自我实现必要的内驱力。

死亡焦虑的积极价值

去年，当我办完我父亲的丧事之后，我母亲很欣慰地对我说:“你为你爹办的丧事都这么隆重，那我对自己也就完全放心了!”这话让我很惊讶，老人家为什么如此在意逝世后葬礼有没有“面子”?

人会担心死后的葬礼不够隆重，担心是不是还有欠的钱没还，担心自己的财产是不是被自己不喜欢的人给继承了，这是我们常见的。而有的人会担心死后更长远的名声、价值以及历史地位，比如作家、艺术家、政治人物，等等。

人为什么担心死后的事?

人是自觉存在的动物，人同时会觉察到自己会死，因此，非存在感不会对动物构成心理威胁，却会直接对人构成威胁。

孔子说“不知生，焉知死”，是很不对的——连轻生的人都可能特别在意他死后别人会不会误解他、会不会骂他。

人都怕死，对死亡的恐惧就成为死亡焦虑。

死亡焦虑对一个活着的人而言，具有不可估量的建设性、不可替代的积极价值。我们明白自己最终会与这个世界告别，会离开自己所爱的一切人、一切事物，因此在当下，我们应尽可能地去亲近我们所爱的人，为我之所爱去努力、去付出。

二、如何与焦虑共舞

在西医中，不论谁得了感冒发烧，医生统统使用阿司匹林治疗。但中医在望闻问切之后，医生会根据病人的病势开出不同的药方，并配置不同的成分比例。

这就是个性化对症下药。

在“如何与焦虑共舞”这个明显带有“开药方”意味的问题上，我打算向中医学习，因为为所有人开出一片“如何与焦虑共舞”的阿司匹林，既不负责任，也不可能。

在人格成长的路上积极应战

应战：焦虑情境是一种挑战

正因为焦虑是人的基本处境，又是人得以成长的促进因素，所以，面对焦虑就成为我们基本的生存之道。在讨论我们应该如何勇敢地面对自己的焦虑时，我们不妨暂时把目光从自己的内心深处，投到整个人类文明的兴起与衰落这种“宏大叙事”上。

汤因比在他的《历史研究》著作中，提出了著名的“挑战应战论”。他指出，人类之所以可能创造文明，并不是因为人类所拥有的生物天赋和地理环境，而是因为人类对于种种特别的挑战进行了有效的应战。

挑战即人类所处的逆境，包括自然环境和外部敌人这两个方面。在汤因比划分的文明中，最初的六个文明只有自然环境的挑战，其余的文明则存在两种挑战。通过对六个文明起源的分析，汤因比发现：产生人类文明的环境，从来就不是安逸的，而是困难重重的，这重重困难对生活于其中的那部分人类来说，就构成了所谓的挑战。其实，汤因比所说的，也正是两千多年前的孟子指出的“无敌国外患，国恒亡”“生于忧患，死于安乐”这个意思。

“卓越出自艰辛”，挑战是外因，应战成功才是文明发展的决定性因素。挑战与应战的相互作用，不断地将文明向前推进。文明在应战中从内外两个方面不断成长：在外部，它表现为对环境控制力的增强、技术进步和军事征服、地理扩张；在内部，它则表现为日益增强的精神自觉能力和自我表现力，等等。

当然，挑战必须适度。要是挑战超出了人们应战的能力，人们会被压垮；反过来，挑战不足，则不能刺激人们积极地应战。

放弃与逃避是无法面对焦虑时最常见的选择，而这意味着失败。因此，面对应战是我们面对焦虑时的唯一出路。除此之外，要么走回头路，要么走向歧路，或干脆走投无路。

汤因比就曾经用一个有趣的类比，讨论过人如何建设性地运用焦虑的问题。他说，从大西洋的北海把捕获的鲱鱼带回来的渔夫，会遇到鱼很快死掉的问题。有一个渔夫就在装鲱鱼的水箱中，放进一对鲶鱼。面对生命威胁，鲱鱼处在时刻戒备与逃跑状态中，变得很有活力。群体心理学中著名的狼鹿效应，与文明进程中的“挑战应战”有异曲同工之妙。

应战不同于“应激反应”

神经心理学家坎农从动物或人在面临紧急事件时的应激反应中总结出“斗或逃”模式。斗或逃这两个过程的结合，保证了动物在遭遇紧急情况时能量的需要。“斗”是积极的心理反应，这种反应是指适度的皮层唤醒水平和情绪唤起、注意力高度集中、积极的思维和动机的调整，等等。相反，“逃”则是消极的心理反应，它是紧张、过分的情绪唤起（激动过头了）或低落（成了抑郁）的表现。

在过去的乡村，人活着好像是为了等死似的，一个人活到虚五十岁吃过寿面，只要家里有点余钱，往往就提前购置一部“寿木”，也就是棺材板。

有一回，我的乡下老家起了一场大火。一个平常羸弱不堪、连打个哈欠都仿佛全身要散了架的人，瞬间冲出火海，靠一己之力，愣是把他爹的那副棺材板从楼上给推了下来，摆放在外头的空地上。

过去乡村的那种棺材板，少说也有三百公斤。

人在应激状态中爆发出的力量、被激发出的潜能，确实令人目瞪口呆。

当然，应激状态中的人，有时候会发生心智混乱的情况。还是那场大火，另一个大男人竟拼上一条命冲进屋子，别的什么都不拿，只从旮旯里把一只装得满满的粪桶给提了出来。

应战，需要的远不止是情急之下的神经反应，而需要人类更深层次的生命意志。

勇气：应战所需的“内力”

罗洛·梅说，在任何时代，勇气都是人类穿过从婴儿期到人格成熟期这种崎岖之路所必需的简单的美德。

我们很容易将种种盲目的冲动、某种矫情当作勇气。冲动不是勇气，因为冲动是所谓的血气之勇，“一鼓作气，再而衰，三而竭”说的正是冲动。同样，虚矫也不是勇气，虚矫是所谓“举趾高，心不固矣”。此外，轻率的冒险也很容易被误当作勇气。勇气不是所谓的“冒险精神”。

勇气是一种源于生意意志的、深厚的、不衰不竭的“内力”，这种“内力”是将自我与个人的可能性联系起来的桥梁。

培育勇气需要一个人终生修炼。迎战焦虑，并与焦虑积极共舞，我们除了要敢于肯定自我，不断地提高自我效能感，还需要培育自己的社会勇气、道德勇气以及创造勇气。

2 用勇气舞动焦虑的建设性情感

斯宾诺莎说，毁灭性的情感必须以更强的建设性情感才能克服。这个“建设性情感”，就是应战的勇气。

自信只是勇气的基础。勇气的反面是怯懦，而自信的反面则是自卑。在阿德勒看来，自卑正是神经官能症的基本动机。当一个孩子受一群孩子欺负的时候，这孩子威胁他们说：“我哥是个大个子，很会打架，回头叫我哥打你们！”这正是自卑的表现，是一种心理补偿而已。

勇气，是由知识、素质与胸襟这三个方面构成的。

·知识

有句话叫“无知者无畏”。“无畏”如果是建立在“无知”的基础上，则实在谈不上勇气，最多是“不怕”而已。无知绝不是勇气，它要么是血气之勇，比如一个人为一点小事操起木棍敲人家的脑袋；要么是色厉内荏的虚张声势，比如一个人行夜路时高声唱歌；要么是别有用心的骗局，比如“亩产超万斤”。

·素质

这里说的素质，一是指作为一个现代人的公民素质，一般叫国民素质；二是指包括情商、职业素养、各项能力在内的胜任素质。

公民素质是对一个国家、社会以及集体、团体中心成员中在责任、公德、正义等方面作出的转变要求，这是勇气产生的前提之一。

人不具备某种胜任素质，其所谓的勇敢，只是一种匹夫之勇、血气之勇，而不是源自真实的知觉控制感。

那么，应该如何培养自己的勇气呢？心理学家的建议是自我鼓劲，也就是不断地努力。具体地说，就是当你发现某个目标难以实现时，要相信并鼓励自己“跳起来一定能摘下这个果子”。经过这样不断的自我鼓劲，不但可以增强自信，而且可以获得成功的经验，可以产生良好的心理效应。

·信念

获得第 66 届奥斯卡奖的美国影片《费城故事》，讲述的是一个艾滋病患者用法律维护自己权益的故事。

安德鲁和乔是费城的两名年轻律师，他们才华横溢，工作努力，可谓前途无量。但是，安德鲁是一名同性恋者，并且染上了艾滋病。就在他刚获得提升不久，他的老板发现了他的秘密，并以他丢失文件为由解雇了他。安德鲁找到他的同行乔，希望他接受这个案子。

乔面临着多重心理压力，他的第一反应是拒绝。首先，他将要面对的对手，是费城最大的律师事务所和最有名的几位律师，胜算不大。其次，他本人最憎恶同性恋。如果他接受这个案子，他将不得不面对来自自己、同行以及整个社会的压力。然而，出于一个律师对法律的坚定信仰，乔最终以巨大的道德勇气，答应为他出庭。

当事人安德鲁的家人，同样支持安德鲁走上法庭。安德鲁的焦虑强度更甚于乔。开庭审理时，众多示威者聚集在法院门外，要求给同性恋者合法权益，但也有反对者大呼“同性恋者没有人权”，并拦住安德鲁质问。而他衰弱的身体已无法承受静脉注射抗艾滋病药物产生的剧痛，他预感自己快不行了。但是，同样出于对法律的尊重，他坚强地挺过了激烈的法庭答辩。

最终，安德鲁胜诉了，然后他静静地死去。

这是一个关于信念与勇气的故事。信念并不仅仅在于使人在实现某个目标时能让人的快乐持续得更久，还在于当一个人面临巨大压力时，能让他更加坚定和无畏。

当我们积累了深厚的学识，培养了良好的素质，并坚持自己的信念时，我们就可以获得真正的勇气，就有能力应对焦虑情境的种种挑战。

用自信助力自尊

自信：自我效能感和知觉控制力

一些社会心理学家（比如霍姆斯和拉希，Holmes and Rahe）认为，压力的产生取决于人们应对外在事件所必须做的转变以及适应的程度，转变越多，压力就越大。

> 美国自行车赛手兰斯·阿姆斯特朗，22 岁时发现自己的健康状况发生了剧变。但他面对可能的死亡，最终使自己的睾丸癌得到了有效控制。3 年后的 1999 年，他参加世界上最严酷的“环法之旅”比赛，并以比第二名整整快了 7 分多钟的成绩赢得了冠军。

而一个根本没任何重大病症的澳大利亚男子，因为他认为巫医对他下了诅咒，于是健康状况每况愈下；而当那个巫医煞有介事地宣布诅咒已经解除时，他又恢复正常了。

外在事件的重大程度和频次，只是导致压力产生的外部诱因，却解释不了也衡量不了一个人的抗压水平。

自信由两个层面构成：第一个层面是相信自己的下一次表现会比前一次更好，相信自己能够达成自己期望达到的目标。这个层次只是指向自己与目标两者之间，这种自信在心理学上就叫自我效能。

在种种焦虑情境中，仅有强大的自我效能感还不够，还必须具备高度的知觉控制感，这是自信的第二个层面。所谓知觉控制，是指某些人具有这样一种信念：他们相信自己可以用各种方式来影响周围环境；一件事情的结果是好是坏，除了环境的因素外，还取决于自己的能力、自己所采取的方式。

自我效能感只是针对自己而言，而知觉控制力是针对影响他人、改变处境而言的。自我效能和知觉控制，构成了一个人自信的心理基础。

自我效能感和知觉控制力强的人，对自己的能力有较高的评价，他们常说“我想我能行”。

自我效能感和知觉控制力弱的人，他们常说“这事我恐怕不行”。

这正如“半杯水理论”，同样是半杯水，自我效能和知觉控制力强的人会说“现在我已经有半杯水了”，与之相反，则会认为“我只有半杯水了”。不同的关注点，会导致对自我评价两种完全相反的“自证效应”：前者将焦虑情境化作成长的机会，后者却在焦虑情境中迷茫而痛苦着。

敢于自我肯定也是一种勇气

自我概念就是我们对自己的认知和评价。维持稳定的自我概念，是人一生中最大的难题之一。自我概念不是在单纯的背景下发展的，而是在周围人的作用下形成的。社会比较、他人对我们所作出的某些评价，对自我发展会起到关键作用。

阿兰·德波顿在《身份的焦虑》中有个有趣的比喻，他把人的自我认知比作一只漏气的气球。正如任何时候气球都需要源源不断充气一样，绝大多数人的自我认知是基于别人的评价，因此，人的自我认知哪怕是小小的针尖都能刺破。他人对自己的评价，就成为一个人身份焦虑的根源。

自我评价维护理论认为，个人的自我概念可能会因为别人的行为而受到威胁，威胁的程度取决于对方与我们的亲密程度。把一个人贬得一无是处，是摧毁一个人最便捷的途径之一；而以“关心”“帮助”的名义摧毁一个人的自尊，是最恶毒也是最有效的手段。

自我肯定其中一种方式，是对某个与被谴责的内容不太相关的领域予以充分肯定。例如，当一个人因为你某一个时期获得较差的化学成绩而嘲弄你时，你在承认自己化学成绩不理想的同时，肯定自己的数学成绩在整个年级是排在前几名的。

自我肯定的另一种方式，是准确有效地识别对方是否对自己进行无理的伤害。我们可以借对方毫无道理的某个谴责，来推翻他对你其他方面的全部谴责。

例如，你发了一次脾气，有人就说“你的情商低得无可救药”。你就可以直截了当地告诉自己：轻易判断别人情商很低的人，本身情商就很低。

当然，自我肯定最有效的方式，是改变自己与他人表现的相对性。改变相对性，简单地说，就是改变“你优秀，而我不够好”的对比，使这种相对性成为“你优秀，我比你更为出色”。

自我肯定：保持你应有的自尊水平

谈这个问题之前，我们先分析一下中国历史上韩信和周瑜这两个人。

韩信为什么能够忍受胯下之辱？从韩信的各种行状上看，他除了这一次胯下之辱，并没有表现出任何其他倾向。其实，以期望值理论来分析，韩信在当时的逆境中，对自己要实现的目标的价值有非常高的评估。为了实现那个目标，就必须忍受胯下之辱，但还得有另外一个条件：他对达到目标的途径也有十分明晰的认识，他坚定地认为实现目标的可能性是极大的。这种实现目标的自信，使他具有常人没有的高自尊。因此，胯下之辱对他就不容易构成可怕的心理伤害。

周瑜的情况却与韩信相反。周瑜对自己的事业固然也有极高的目标效价，然而，当他面对诸葛亮这个智慧更为超群的人物时，他的期望值“崩溃”了，他实在无法看到实现自己的目标到底还有多大的可能性，“既生瑜，何生亮”的悲叹由此而发。

这一切，都与固执己见、缺乏自省能力无关。面对明显的不公正和误解，或不负责任的恶意评价，保持自己的自尊水平、避免陷入身份焦虑，就成为一场心理健康保卫战。我们输得起金钱，但未必输得起自尊。从正面价值看，焦虑可能导致自省，可能导致积极的行动；从负面价值看，焦虑可能导致沮丧和低自尊，可能导致耻辱感、嫉妒，还可能导致攻击行为。

4 不要活在别人的舌尖上

活在他人舌尖上的人们

人的自我意识始终是独立的，别人永远无法确知你是如何看待自己和他人的，你也永远无法确知他人是如何与其自我相联系的。罗洛·梅说，这是每一个人内心的圣所，他必须独自一个人待在那里，这一事实导致人类生活中大量的悲剧产生和无法逃避的孤立存在。

我们总是习惯于把价值的尺度交给别人，认为只有他人对自己的评价才是真实的，才是有价值的。但是他人评价可能是有偏见的、浅薄的，他们对你其实不一定了解。自我实现的人的价值尺度是不受势利、偏见与恶俗扭曲的。一个真正自我实现的人，只有在自我实现的过程中才能获得衡量自己价值的尺度。

光棍最怕别人戳他"断子绝孙"这个短，而和尚却不怕别人说他没老婆。这是为什么？这是因为价值观念不同。光棍活在别人的价值观中，而出家人却有自己的价值观，他不但活得清心寡欲，还要普度众生。此外，和尚拒绝妻子是为修行而作出的主动选择，而光棍没有妻子却是因为自己讨不到老婆。

所以，人们会尊敬地称一个和尚为"大师"，决不会叫他"光棍"；人们管一个光棍叫"光棍"，决不会叫他"大师"。

女人在你面前表现出来的惊骇的表情、讨好的笑脸，都会直接作用于你的感情。能做到刘海粟大师所说的"去留无意，看庭前花开花落；宠辱不惊，观天际云卷云舒"，那是一种精神境界。

关注"别人怎么看我"没有问题，问题在于，我们是否思考了这些评价有几分是有价值的。

活在他人的舌头上，我们只能一直与焦虑为伍。

活出自己

英国作家阿兰·德波顿在《身份的焦虑》中，对一个人应该如何对待他

人的评价，引用了哲学家尚福尔的一段话，认为绝大多数人在绝大多数问题上的观点，充满了严重的混乱和错误，公众的舆论是所有观点之中最糟糕的一种。因为，公众舆论最要命的缺陷，正在于公众不愿意将自己的观点交由理性分析进行推敲，而是将自己的观点建立在直觉、感情和习俗之上。

尚福尔说，那些被奉承地称作“大众常识”的东西，往往应该叫做大众愚昧，因为所谓的“大众常识”，总是受简单化、非逻辑、偏见和肤浅的制约：“最荒唐的习俗和最可笑的仪式在任何地方都用同一句话来解释：但一直就是这样啊！当欧洲人问西南非洲的霍屯族督人为什么他们要吃蝗虫和自己身上的虱子的时候，他们恰好说的就是这句话：一直就是这样啊—— 他们如此解释道。”

詹姆斯·库泽斯和巴里·波斯纳在《领导力》一书中叙述了美国的一个传奇人物——约翰·罗宾斯。

约翰早年想成为由他父亲和叔叔创建的一家叫做 Baskin-Robbins 冰激凌公司的 CEO。当他在这个世界上最大的冰激凌公司工作时，有些事刺激了他，使他对自己的职业生涯越来越失去兴趣。贫富差距、环境恶化以及核阴影，使他“再也无法去调配第 32 种口味的冰激凌了”。

约翰决定走一条自己的路。他和妻子一起在英属哥伦比亚海海岸的一间小木屋里生活了十年，每年靠一千美元度日，自己耕种，静思，练瑜伽。在这十年与世隔绝的生活中，他根据自己的生活价值观念，撰写了《新美国与食物革命的食谱》，开始发表演说，采取行动消除贫困。

没有几个人能够在偏僻的小木屋里呆上十年，但人们能够从约翰的故事中听到约翰的声音。

我们是不是赞成约翰所倡导的生活方式，这不重要。我们应该承认，他是倾听内心并跟随自己的声音所指引的方向的人，他们有了一整套属于自己的并且是坚定不移的信念，即价值体系。

寂然太极，圆满具足，性道自足，不假外求，所谓自诚明者也。一个人原本可以在自己无待自足的生命中优游涵泳、乐道自适，又何苦凄凄惶惶、颠沛造次，陷入他人的指点评判之中？

做“加法”也要做“减法”

做一个“单向度的人”

我们绝大多数人都是单向度的人，可能是个“经济人”，或是政治单向人、技术单向人、消费单向人。正因为我们是单向度的人，我们不苛求自己的无限与完满，我们很容易在一个坐标上找到自己，并辨识出自己。

正因为我们是简单、扁平化的人，我们的焦虑也变得很具体，变得有轮廓感、质感或立体感。“常怀千岁忧”的人，是思想者，他们离圣人很近，能够感触得到圣人的呼吸。但大多数人只是一个凡夫俗子。

因为我们单向度，那些距离我们过于遥远的人所获得的成功，并不容易引起我们直接的焦虑，比如比尔·盖茨、巴菲特。

因为我们单向度，经济上的成功或地位上的升迁，如果发生在同龄人或者与我们有相似经历的人身上，我们会产生焦虑；如果发生在与我们很熟悉的人身上，我们不仅焦虑，还心生嫉妒。

因为我们单向度，那些与我们有着不同的价值追求、从事着与我们很不一样的工作的人所获得的成功，几乎不会引起我们的任何焦虑。

学会做“减法”

人是一种欲望永远得不到满足的动物，人的所有痛苦几乎都因追求“得不到”；人的所有焦虑，盖因自己的追求可能得到而尚未得到，或已经得到但得而复失。

对于知识的学习、能力的培养、财富的积累、荣誉的获得、地位的提升等种种阅历和体验，在中年之前，大多数人是一直在做“加法”的。但快速地做“加法”，会使我们的生命变得越来越沉重。我们在收获很多的同时，也在承受生命不能承受之重。

因此，我们应学会做些“减法”。“过一种简单的生活方式”，砍掉某些在我们的生活历程中被我们视如珍宝的、精神性的东西。

日本设计师研原哉在解释“和室”这种日本的传统房间模式时，曾指出和室的空间意蕴。和室在外观上特别简单，特别朴实。

其实，和室所要表达的是一种“空”的理念。和室的面积不大，房间除了那种带挂轴的画，还有插花，几乎没有任何其他装饰。装饰非常少的空间，容易让人的感受力和想象力变得敏感起来。那个让你产生想象的地方就是空的空间。对禅宗的信仰是日本文化的一部分，日常生活的空间诠释了文化精神。禅宗和神道教的融合嫁接使日本的审美更趋向于禅的空寂与枯淡。禅宗影响下产生的空寂的审美倾向，对日本文化艺术各个领域影响深远，在园林艺术领域表现为“空相”，在茶道上表现为彻底的“无”。

在“空相”与“无”之中，你得到的是一种宁静。

在现代社会，海量信息、知识爆炸，都成为我们焦虑的根由。大脑“收支”不平衡，脑子被迫吸收过量信息，使人患上“知识焦虑症”。

一位名叫浮士德的虚构人物，就患上这种症状，且不可救药。浮士德活动的出发点可归结为“不知满足地渴望了解事物的内在本质”（谢林《艺术哲学》）。“凡是赋予整个人类的一切，我都要在我心里体味参详。”他渴望去“参观造物主在他的工场里工作的情形，把一切事物的开端和终局看个明白”。歌德笔下这位坐在中世纪一个阴暗沉闷书斋里、年过50开外的浮士德博士，常常坐卧不宁，着了魔鬼靡非斯特的道了。

对知识、信息的吸收，我们也得学会做“减法”，做当下的事，轻装上阵，淡定从容。

6 活在建设性的互动中

与人建立建设性的互动关系是能够与焦虑共舞的重要前提之一。

沙利文认为，焦虑是人际关系分裂的表现，人际关系分裂是焦虑的根源。当个体获取需要满足的方式受到或可能受到重要的他人的谴责时，个

体就会产生焦虑。

这种焦虑将促使焦虑者修复人际关系，使自己重新融入“重要的他人”或重新获得“重要的他人”的赞许。人如果完全不顾重要的他人对自己的谴责，那么人更容易放纵自己，成为一个为所欲为的人。

适应性：生命的基本特征

进化论所讲的适应性，就是在物种进化的过程中，那些有利于个体解决生存和繁衍问题的特征，都能被遗传下来。

有趣的是，进化论关于“适应是生命的本质特征”的基本立场，与老子的“道法自然”神通暗合。

老子所讲的“无为而治”并非不作为，而是讲人的一切行为都必须遵循自然法则。

在老子那里，生命的生存、成长与繁衍必须适应自己所处的环境，宇宙万物都必须具有适应能力，如此才是“上善”，才是“德”。

从进化观人格理论来看，个体差异其实是个体采用不同的策略应对环境所提出的适应性问题的结果。人类是社会性的，群居生活能为个体提供食物和保护，使人类更易于生存和繁衍，并由此形成了独特、持久而复杂的社会关系。在这种社会性的关系中，与他人“相同”，是适应的一种最基本方式。

但是，这种“相同”是适度的“相同”，正如我们的长相大体“相同”，但绝不是他人的“复印件”。

人需要与自身之外的世界相联系，首先是避免孤独、避免被孤立的需要。一个生活在人群之中，却是完全被孤立的人，久而久之就会精神崩溃。而所谓的联系，并不一定指身体上的近距离接触。如果一个人的观念、行为模式与外界一直是相通的，那么他与人群仍然有共同感、归属感。

孤独不可耻，但很可怕

一个缺乏归属感的人是孤单的、无助的。这样的人在人际关系上只有策略上的选择：或趋近他人，或反对他人，或逃避他人。这三种行为，构成了与他人的基本冲突，也成为人际焦虑的基本根源。

良好的社会归属感，将使一个人原有的某些自卑，不会发展成为病态的权力动机。权力动机与对社会的敌意有着直接的因果关系：孤独的敌视，导致凌驾于他人之上的急切需求产生；急切的凌驾他人之上的需求的背后，隐藏着一个对他人、对世界的敌意。但是，当强烈的权力欲与敌意同时呈现在一个人身上的时候，他虽然仍具有优秀的处事能力，却几乎丧失了良好的人际交往能力。

进化心理学家巴斯把人的情绪分为唤醒性情绪和关系性情绪。唤醒性情绪是与交感神经系统强烈反应有关的那些情绪，比如愤怒、恐惧，还有性感觉的唤醒。而关系性情绪是指那些很少或几乎没有自动的生理唤醒的情绪，包括爱、愉快、悲伤、嫉妒，等等。关系性情绪有助于加强社会性动物的群体凝聚力和相互协作，在非社会性的哺乳动物中几乎不存在关系性情绪。在群体中，被同伴接纳和受欢迎的乐趣，会增强动物彼此之间接纳的倾向；而被同伴孤立所导致的焦虑与痛苦，最终会激活他们的亲社会行为。

人的关系性情绪是社会的产物，被保存下来的这一适应群体生活的心理机制，正是社会性焦虑现象的起源。

一个人得到群体其他成员的消极评价时，会有许多担心，会郁郁寡欢，这就是社会性焦虑。这种焦虑的积极价值，在于使一个人及早发现被排斥的种种迹象，从而积极地解决问题。而那些对受到排斥却无动于衷的个体，很可能被群体驱逐。社会性焦虑与人类的归属需求筋脉相缠、血肉相连。

因此，被群体接受，就成为人的一种基本动机。在进化论心理学者霍根看来，人的基本动机不外乎被群体接受和追求地位两种。前一个动机事关你能否生存下去、能否有机会繁衍，而后一个动机才是你在群体中活得爽不爽的关键。人要活下去，首先就得设法融入群体而不是被群体孤立出来，就得跟人搞好关系。这样，那些有利于被群体接受的心理机制就被保存下来了。

弗洛姆认为，人从他出生的那一刻起，就脱离了动物界并超出了本能适应性。既然焦虑是人类在社会生活中特有的情绪，人就必须学会与引起焦虑的生活事件和生活状况“和平共处”，而不应当脆弱地让焦虑发展成为严重的神经症，也不应该一味地想方设法去逃避。

利他：人际归属的最佳路径

利他行为与快乐

利他行为为什么能够使人摆脱病态焦虑？首先，利他行为可以使人体验到自身的价值；其次，利他行为是客观上的利己行为。

一句小学生都知道的成语叫“助人为乐”。助人本身就是一种快乐，正像 17 世纪法国哲学家拉布吕耶尔所说的那样，最好的满足就是给别人以满足。

美国社会学者布朗和他的同事 2003 年在一项对 423 对老年夫妇历时 5 年的研究中，在控制了年龄、性别、原有的健康状况以及社会经济条件之后发现，那些给予最多社会支持的人，比那些看起来很“聪明”，因而在生活中斤斤计较的人，寿命要长得多。

利他就是在帮助他人的过程中体验到自己社会存在的价值，从而获得自我满足。“利他”意味“克己”，但“克己”并非苦行禁欲，而是克服非分欲求，净化自身言行，以达到心理平衡。

有一位美国的农民总能种出最好的玉米。每年，他的玉米都参加他那个州的博览会，并获得最高荣誉。有一年，一位报社记者在采访他的过程中得知，这位农民居然总是把他最好的玉米种子与邻居们分享。

“你的邻居每年都把自己的玉米拿来参赛，和你竞争，你怎么舍得把最好的种子分给他们呢？”记者问。

“你不知道吗？风会把成熟玉米的花粉吹起来，从一片地卷到另一片地里。如果邻居种出的玉米不够好，杂交授粉会逐渐降低我的玉米的质量。如果我要种出好玉米，就必须帮助我的邻居种出好玉米。”这位农民说。

想要幸福的人，必须帮助他人找到幸福。16 世纪英国诗人兼神学家约翰·唐恩的诗句，至今发人深省：“我从不问丧钟为谁而鸣，它为我，也为你。”

帮助身边的人减轻焦虑

我们不能只考虑如何减轻自己的焦虑，我们还有责任学会减轻自己身边人的焦虑。

他人的关爱往往与你的自尊水平呈正相关，你越是感受到自己生活在爱之中，你就越认为你是重要的、有价值的；相反，你会变得越来越自卑，变得自暴自弃。

他人的关爱使我们产生责任感，责任感可以提升自信心和抗挫力，自信心可以缓释患得患失的心理压力，减轻焦虑感。

家人、朋友对你的关爱也是如此。20世纪九十年代，萨洛维教授提出“情绪智力商数”这一概念，后来，随着戈尔曼的《情绪智力》成为畅销书，“情商”这个词成了常用词。人际敏感性是情商的一个构成因素，人际敏感性的一个重要标志是我们的移情能力，即我们不仅要在认识水平上，而且要在情绪水平上进入他人角色的能力。通俗地说，就是设身处地、将心比心的能力。

我们往往向亲人、朋友索取很多，但是，当我们要对亲人、朋友承担责任的时候，我们的情商却低得出奇。其实，把我们真诚的关爱、言出于衷的激励奉献给亲人、挚友，正是我们真正的责任所在。

在共舞中超越焦虑

以马斯洛为代表的人本主义心理学，跟弗洛伊德所开创的精神分析理论，甚至跟以往任何心理学理论的最大区别，在于前者将人假设为健康的人。如果说人本主义心理学之前的任何理论，总是将眼睛盯在人的“病态”上，甚至只研究“有病”的人的话，那么人本主义心理学则重在指出人身上健康的东西，以及人怎样才能成为心理健康的人，以及人如何才能最大限度地实现自己。

与焦虑共舞，并超越焦虑，与自我实现有关。

弗洛伊德的升华已经蕴含自我实现的部分要义，因为升华无疑正是自我潜能或特征的实现。要全面实现自我，除了实现个人的潜能外，还要实现完满的人性，因为完满的人性是人类共性的潜能，包括友爱、合作、未知、审美、创造，等等。在这里，人的内在本性自由地得到表现，而不是被外在的力量、内在的焦虑所歪曲、所压抑、所否定。

自我实现就是使一个人“成为你自己”。正如马斯洛所言：一个作曲家必须作曲，一位画家必须绘画，一个诗人必须写诗，否则他始终无法安静。一个人能够成为什么，他就必须成为什么，他必须踏实于他自己的本性。也就是说，一个自我实现的人，应该更真实地成为他自己，更完善地发挥他的潜能，更接近于他的存在核心，成为更完善的人。

准确、充分地认知现实

自我实现者对现实有着更敏锐、更有效的洞察力，他们决不玩“难得糊涂”，也往往比大多数人更为轻而易举地辨别新颖的、具体的、独特的东西。

法兴格是一位新康德主义哲学家，他提出了仿佛哲学的命题。仿佛哲学的核心就是虚构主义。在法兴格看来，人其实是一种靠虚构的观念而生活的动物，这些虚构的观念包括潜意识和意识层面的意图，这些虚构的观念在现实生活中并没有什么与之相应的“副本”。但是，大多数人其实是生活在一堆

人造的概念、抽象物、期望、渴望与陈规中，并将这些东西与真实的世界混淆，并依据这些虚构的观念处理日常事务。例如，因为“不孝有三，无后为大”，一个男子为妻子到底会生下一个男婴还是女婴而焦虑不安，这样的人怎么能够不被焦虑淹没呢？

悦纳自己、他人和周围世界

一切事物都有正负两面，任何人、任何事的消极面，都可以成为焦虑的理由，包括自己的不足甚至致命缺陷。

例如，不确定性对大多数人来说意味着焦虑，但对自我实现的人而言，却是一个富有刺激性的挑战。对于心理健康的人而言，未知的事物未必可怕，他们不会否认或忽视未知事物，不回避它们，更不会自欺欺人地把它们看成已知的。

自然地表达自己

一些焦虑中的人，在叙述一件简单的事，表达一个并不高深的观点时，会显得很造作。比如，有的人会不知不觉地用一种演戏般的“话剧腔”说话；有的人会一边说话，眼睛一边左右扫视以观察他说话的效果；有的人坐着说话的时候，会不断、快速地抖动自己的双腿，等等。这些做作的外在表现，无不反映他们的自卑和焦虑。

以问题为中心，而不以自我为中心

当一个人的目光关注的不是自己而是外界，将具体的琐事放诸一个更为开阔的视野时，实际上他已经解下捆绑着他的焦虑之绳。

正如我们已经谈到过的那样，当一个人的注意力老是集中在自己身体的某个器官上时，这个器官多半出问题了，没出问题也会出问题。相反，一个“忘我”的人，总是以问题为中心而非以自我为中心，他们能在更加广阔的参照系中，去发现社会以及人际关系的意义。

超然独立的特性

超然独立包含两层意思：一是在融入他人的同时，又有独处的能力；二是按照自己的真实意愿行事的能力，即我们前面所述的倾听内心、特立独行。

意大利传奇导演费里尼说曾经说过，独处是种特别的能力，有这种能力的人并不多见。独处可以给我们一个独立的空间、一份自由，但这是有些人嘴上喊“要”而实际上害怕的东西。人们害怕寂静无声，害怕那种剩下自己一人的静默。但是，自我实现的人不但具有这种能力，还具有独处的强烈需求。

超然独立还体现在自我实现的人能够负责任地作出决断，而不受社会习俗与偏见的左右，能够在巨大的外在压力下作出正确的选择。

清新隽永的鉴赏力

清新隽永的鉴赏力首先是指一个人对同一个人、同一种事物反复欣赏的能力。大多数人对同一件美好事物，总会陷入“审美疲劳”。但是，在这一点上，自我实现者总是带着敬畏、兴奋、好奇甚至狂喜，精神饱满地、天真无邪地体验人生的天伦之乐。我曾经在为侄儿的婚礼上举杯祝福两个新人：“我并不羡慕你们热恋的时候在草地上的追逐与拥抱，更愿意祝福你们在白发苍苍后的某一个黄昏，在回家的路上，还总是一只手紧紧地牵着另一只手。”而这，正是马斯洛所谓的清新隽永的鉴赏力。

经常的高峰体验

马斯洛在调查一批从事创造性的工作并有相当高成就的人士时，发现这些人常常提到发生在他们生命历程中的精神经历或心理体验：“感受到一种发自心灵深处的战栗、欣快、满足、超然的情绪体验。”在这样的精神状态中，他们的人性完全得到解放，心灵获得了完全的自由。这种难以用语言表达、犹如站在高山之巅的感觉，马斯洛称为高峰体验。

高峰体验非常接近于禅宗的“顿悟”。所谓“迷闻经累劫，悟则刹那间”“一刹那间妄念俱灭”，说的就是人的思维、情感在某一瞬间的突变或飞跃。

其实，所有人都有享受高峰体验的潜能。从某种意义上说，高峰体验正是最佳状态，也就是精神上一种自动的高度投入的状态，一种忘我的状态。

9 用童心活在当下

“小我”与“大我”之别

人有三个“自我”：主体自我、社会自我和精神自我。

肉体的我就是主体自我，比如我的相貌、我的肝脏、我的记忆力，等等。而有的人强烈关注自己的地位、经济实力、外界的评价，等等。这类经验的自我，属于“身外之物”，所以不能叫“我”，而叫“我的”，如我的妻子、我的财富、我的政治地位、我的社会声望，等等。这个经验的自我，就是社会自我，是“我”所拥有或会失去的一切，即“我的”。

社会自我对人的重要性，不论怎么评价，恐怕都不过分。因为，没有“我”与“我的”，几乎无所谓“自我”。我们对自己的认识和判断，正是通过这一系列的关系才得以认识自我的。在生理上，人是几乎没什么区别的。俗话说：“皇帝宰相泥瓦匠，脱光裤子一个样。”说的正是这个意思。让“皇帝宰相泥瓦匠”们穿上各自的衣服，回到各自的位置上，这时候，诸如“服饰”这类象征性符号，就立即将这个“我”与那个“我”区别开来。人就是这样一种活在社会标签、文化符号中的动物。我们中的绝大多数人，终其一生都在为我们身体之外的标签更为显赫、符号更加漂亮而焦虑、奋斗，直到老死。

精神自我则是个人内在的或主观的存在，包括个人价值观、知识经验、能力、性格特征，等等。精神自我虽然看不见、听不到，但它同样是每个人都具有、都能够意识得到的自我，它主要通过内省而觉察到。

从某种意义上说，真正能够将某个人与其他人区别开来的，正是精神自我。在主体自我、社会自我中，人与人的区别只是在肉体上、外在的符号标志上区别而已；而在精神自我中，人与人之间的巨大不同，却可能不得不用人与兽的区别来形容。

意必固我之小我，究可哀也。

留一份童心：不过分看重“此刻的我”

对世界万物保持一份好奇之心，也是一种童心。当一个人对什么都不再好奇的时候，他的心灵已经被自己的知识、经验、成见填得满满的，就再也无法去吸纳任何新的东西。从心理年龄上说，这个人已经过早地衰老了。

在马斯洛看来，自我实现者具有清新的鉴赏力。他们对生命的体验带着

一种敬畏甚至狂喜，对一切未知事物带着婴儿般的好奇心。在他们眼里，太阳每一天都是新的。

我们中有不少人看不出在一个孩子眼里简直是儿戏般浅显的欺诈，因为他们只看得见自己愿意看见的东西，因为他们观察事物的那一双眼睛，早已被经过严格训练的逻辑“格式化”了；他们的判断，要经过层层推论，“思考”已经先于直观而自负地运作起来，知性跑到直觉的前头去了。没有“傻乎乎”的好奇心，成年人的眼睛难免蒙上一层厚厚的世俗尘埃，既看不见美，也发现不了真、识破不了假。

罗杰斯用“充分发挥功能的人”指称那些思想不受钳制、不惧怕别人的奚落而表达想法的冲动这一具有自我实现能力的人。马斯洛认为“自我实现者的创造性在许多方面类似于天然快乐、无忧无虑的儿童的创造性”，“几乎任何一个孩子都能够更自由地去感知，而不带有应该存在什么、必须存在什么或一直存在什么的先入为主的看法”，这与中国明代思想家李贽的“童心说”可谓异曲同工。

在李贽看来，“童心”就是真心，也就是人最本初的那份心境。在著名的《童心说》中，他指出，童心就是人的本真之心。如果失去童心，本真之心也就不存在了。童心还是人“最初一念之本心”。而天下所有至善之大业、至美之文章，都出自人的本心，也就是童心（“天下之至文，未有不出于童心焉者也”）。而在《答邓名府》中，李贽认为，“道理闻见”使人的言谈举止不再发自本心，因而言谈举止成为“以假人言假言”“事假事而文假文”的虚假世界，而他所说的童心是“好察迩言”，“则得本心”。也就是说，一个人不扫除“道理闻见”的污染，就无以恢复人的本性。

过去是历史，未来有愿景

远虑与愿景

空间上至少有上下左右前后六个维度，但时间只有两个维度。

看长看远，就有远虑与近忧的问题。有句俗话叫“人无远虑，必有近忧”，这是对的；“人多近忧，必少远虑”，也是对的。

远虑是很有必要的，能做到未雨绸缪，说明一个人具有防范威胁与危险事件发生的能力。在下雨之前先把房屋门窗修好的人，大概没有人会嘲笑他得了“焦虑症”。

人类之所以能够作出某些事关重大、事关长远利益的决策，是因为人类能够对更远未来的某些威胁、危险具有担心等心理机制，并能够考虑一系列复杂的方案。低等动物却不能，它们没有远虑的能力，只能对眼前迫在眉睫的危险作出本能反应。

如果说远虑是对未来不利威胁的预期，那么愿景则是对未来理想情景的预期。

愿景可以使一个人看得到自己最终或最大的那些目标，怀有愿景的人往往是有大心胸、大气量、大格局的人。

人有多大的心胸“格局”，就有可能做多大的事。“格局”正是绝大多数人

在事业上真正的短板，而人的“格局”大小，有赖于他是否具有清晰的愿景。

愿景使人目标远大、视野开阔，使人能够把自己的心理能量聚焦在事情的全过程上。因此，那些有清晰愿景的人，看似“野心勃勃”，却烦恼很少，焦虑不多。即使他遭受了挫折，他也总是坚韧不拔，始终充满热忱。

是否有清晰的愿景，这是心胸与眼界的问题，而不是虚与实的问题。那些事事计较、时时烦恼的人，才是真正生活在虚幻世界中的人。

在法兴格的仿佛哲学看来，人的目的本身就是一种虚构，人仿佛就是借助这种虚构，在世界的混沌中与自身存在的混沌中辨别方向。虚构是一种特殊的心理成分，这一心理成分容易使人在理解自然存在和社会存在的本质时产生错觉。

开阔人生视野与胸襟的“历史感”

向过去的远处看，就是人活在世上要有点“历史感”，即能够将问题放在更广阔的历史视野中去考察与理解。如此，一个人即使他有一己之焦虑，也比一个视野狭窄的人更容易得到缓释。因为在历史的长河中，一个人的分量显得那么渺小，甚至无足轻重。

清代的祁寯藻是一代帝师。有一回，他家里人跟邻居因为一面墙的事发生纠纷，就写信到京城，要求他跟下面的官员打招呼。这位京官当即写了一首诗，让送信的人带回去：

千里送书只为墙，
让他三尺又何妨？
万里长城今犹在，

不见当年秦始皇。

家里人收到信后，主动让出三尺。对方知道了邻居这位京城里的大官如此气量，十分惭愧，也往后让了三尺。而中间这块空地，后来就叫“三尺巷”。

这首诗其实透着一股苍凉的废墟感。历史感正是一种废墟感和沧桑感：雄伟的长城会变成除了供人瞻仰外一无用处的废墟。我们苦心经营的个人事业，我们为之彻夜难眠的个人目标，如果不出意外的话，恐怕连个废墟都留不下来，都将烟尘般消失于漫漫时空之中—— 没有人知道你曾经来过，没有人知道你曾经奋斗过。

你的成就，在历史面前根本无足轻重，就像你的生命，如沙如蚁一般。如果你只是一颗尘埃，那你为之焦虑的功名与财利，连一颗尘埃都算不上。

山水画的构图和着色讲究层次感。你看到的近景，一切都纤毫毕现、历历在目；而远山远水，都只是一抹浮云般的存在。富于历史感的人，因为将现实事件放诸时间长河这个大参照系里，比蝇营狗苟的人更容易“看得淡”。

有时候，焦虑的人们不妨到历史博物馆去散散心。你焦虑，你失眠，或许只不过是因为你的心灵过于拥塞，你“暴饮暴食”了过多的欲望，以至于心灵没有了透气的空隙。

一个有“历史感”的人是经得起寂寞的人，也是真正懂得享受寂寞的人。因为他知道一时的毁誉、一时的显赫、一时的热闹，都是没有价值的。曲终人散之后，只有这样的人能够“潇洒送日月，寂寞对时人”。

特别鸣谢

本书在众筹活动中得到了很多读者的倾心支持，在此表示衷心感谢。按照活动规则，现对在本活动中作出更多贡献的人士特别鸣谢，让悦读成为我们精神生活的时尚！

姓　名	地　址	手　机
黄怀凯	上海宝山区涵清路	138 * * * * 1939
杨明灿	福建福州连江县凤城镇丹凤路	136 * * * * 6008
杨良金	福建福州连江县文明西路	138 * * * * 1181
叶立娇	福建福州仓山区三高路	159 * * * * 7768
刘必军	福建福州鼓山镇洋里村	131 * * * * 8755
陈家春	上海宝山区界华路	138 * * * * 1686
黄丽莺	福建福州台江区瀛滨路	139 * * * * 7778
林善祖	福建福州连江县凤城镇丹凤路	130 * * * * 8666
林起昌	江苏无锡江阴市通渡北路	139 * * * * 3736
吴国顺	福建福州鼓楼区铜盘路	138 * * * * 2669
黄丽琴	福建福州台江台五一南路	135 * * * * 1196
王依振	福建福州市晋安区前横路	139 * * * * 2848
黄安星	福建福州晋安区六一北路	153 * * * * 4090
黄文锋	湖南长沙天心区芙蓉中路二段	189 * * * * 1873
廖致刚	广东深圳南山区高新园科技南十二路	137 * * * * 4387
侯晓慧	北京朝阳区东四十条五矿广场	138 * * * * 5307
刘　伟	山东省东营市东城府前大街	188 * * * * 7599